はじめて学ぶ！
公害防止管理者試験
［大気関係］

プロが教えるこの1冊で合格できる！

◇ Q&A形式で疑問に答える！
◇ 試験に必要な考え方の納得学習！
◇ 基礎から合格までの道案内！

東京大学工学博士
福井清輔　編著

弘文社

まえがき

　本書は，初めて公害防止管理者という国家試験の受験を検討される方や，世の中に出ている公害防止管理者の本では少しハードルが高くて苦労するという方などのために，できるだけ基礎からわかりやすくしようとして書いたものです。

　「公害防止管理者って何なの？」というところから始めて，学習の仕方・考え方の一般論，受験要領，あるいは国家試験で実施される各科目分野についても，それぞれの重要事項について入門編としての解説を用意しました。公害防止管理者について知りたい方，公害防止管理者の勉強を始められてつまずいておられる方などに，まずは共通事項などを気楽に寝転んでお読みいただきたいと思います。そして，公害防止管理者の受験を目指すお気持ちになられたならば，各科目に用意しました説明を入門解説として役立てていただければと思います。

　これまで入口のところで事情がわからずにあきらめておられた方や，学習途上で手ごろな解説書が少なかったために公害防止管理者の受験を断念されていた方もおられると思いますが，もう少し初めのあたりでの疑問が解消できていれば，そのあとはスムーズに学習を進められた方も多かったかも知れません。本書は，そのような方々を中心としてこれから公害防止管理者の学習を始めて国家試験に挑戦しようという方のための助走支援書です。まずは，気楽に斜め読みしていただき，その後やる気が出てこられましたら，頑張って公害防止管理者の学習を進めていただきたいと考えております。

　ただ，本書は，あくまでも入門編ですので，あまり詳しい内容や高度な記述は割愛しています。ある程度理解されて，公害防止管理者とはどのような分野なのかを把握された上で，より本格的な内容の学習に進ん

ていただければ幸いと存じます。勿論，本書も国家試験範囲の 70% 以上はカバーしておりますので，本書の範囲を十分に学習されましたら，国家試験の合格水準に到達することは可能です（ただし，分析法などは別途の学習も必要です）。

　本書が，少しでも皆様方の学習においてお役に立てますことを心より願っております。

著者記す

目次

まえがき 3
公害防止管理者の学習にあたって 11

第1編　受験の相談

Q1　公害防止管理者とは何ですか。その資格を持つと，どんなメリットがあるのですか？ 16

Q2　公害防止管理者試験の大気を受けるか，水質を受けるか，迷っているのですが，要求される知識分野はどのように違うのですか？ ... 18

Q3　高等学校（あるいは，文系の大学）しか出ていませんが，公害防止管理者の試験を受けられますか？また，独学以外に公害防止管理者の勉強をする方法があれば教えて下さい。 20

Q4　過去問の勉強は最良の学習法って本当ですか？ 22

Q5　難しい問題の解き方を教えて下さい。 24

Q6　微分や積分がわからないのですが，公害防止管理者の受験はあきらめないといけませんか？ 26

Q7　法律というものになかなかなじめませんが，法律の勉強の仕方を教えて下さい。 28

Q8　公害防止管理者の勉強はいつ頃から始めるのがいいのでしょう？ ... 30

Q9　勉強する気持ちを長続きさせるにはどうしたらいいのでしょう？ ... 32

Q10　公害防止管理者の勉強をするためには，どんな本をどのくらい買えばいいのですか？ 34

Q11　ひとりで勉強していてわからないことが出てくるとなかなか先に進めません。そんな時，どうしたらいいのでしょう？ 36

Q12　試験前に，また，試験に臨んで気をつけるべきことはどんなことですか？ 38

第2編　大気関係・水質関係の共通事項

Q1　化学物質の書き方には多くの表記法がありますが，ベンゼン環の中心から棒が出ている分子式はどういう意味なのですか？　また，分子名の前に，3，3′−や，$p-$その他，$n-$と付くものがありますが，これらはどういうことを意味しているのですか？ 42

目　次

- Q2 濃度の単位にw／vなどと書かれたものがありますが，これは何ですか？　濃度の単位を整理して教えて下さい。 …………46
- Q3 気体の状態方程式とはどんなものですか？教えて下さい。 ………48
- Q4 公定分析法とは何ですか？また，その分析法を全部覚えなければなりませんか？ …………50
- Q5 分析で使われる検量線とはどんなものなのでしょうか？ ………52
- Q6 容量分析法とは，どのような分析法を言うのですか？その中の主な分析法についても教えて下さい。 …………54
- Q7 分光分析法とは，どんな分析法なのですか？ …………56
- Q8 機器分析に用いる機器や処理装置などには，見たこともないものが多く，イメージが持てないまま学習しています。何とかならないでしょうか？ …………58
- Q9 いろいろな業種についての知識が出題されているようですが，自分の属している業種ならともかく，他の業種のことまで勉強しなければならないのですか？ …………60
- Q10 レイノルズ数って，どのような数字なのですか？ …………62
- Q11 練習のために，化学の基礎になる問題を少し出して下さい。 ………66

第3編　公害総論

- Q1 公害とはどういうことを言うのですか？また，代表的な事例を教えて下さい。 …………74
- Q2 環境基本法とはどういう法律なのですか？簡単に教えて下さい。…76
- Q3 なぜ汚水や排ガスを処理しなければならないのですか？それらが発生しないようにすればよいのではないですか？ …………78
- Q4 無過失賠償責任とは，過失がないのに賠償するというものですか？なぜこういう決まりがあるのですか？ …………80
- Q5 リサイクルに関する法律にはどのようなものがあるのですか？教えて下さい。 …………82
- Q6 硫黄酸化物は，なぜ公害対策の優等生と言われるのですか？では，劣等生にはどんなものがあるのですか？ …………86
- Q7 公害に関係する法律の概要をまとめて教えて下さい。 …………88
- Q8 公害防止管理者に関する法律と公害防止管理者について教えて下さい。 …………90
- Q9 pHとは何ですか？環境問題の中でどういう意味を持つのですか？…92
- Q10 環境問題に関係する国際条約や議定書もかなりあるようですが，まとめて教えて下さい。 …………94
- Q11 環境問題の主な用語について，その意味だけでも確認しておきた

目　次

　　　　いので，簡単に教えて下さい。 …………………………………96
- Q12　環境問題に関するアルファベットの記号・略号がたくさんありますが，それらについて，簡単に教えて下さい。 ……………………102
- Q13　練習のために，公害総論関係の基礎練習問題を出して下さい。 ……106

第4編　大気関係の共通事項

- Q1　公害防止管理者（大気関係）の試験は，誰でも受けられるのでしょうか？試験はどのくらい難しいのですか？ …………………………112
- Q2　公害防止管理者（大気関係）の国家試験は科目別合格制になっているそうですが，それはどういう制度なのですか？ …………………114
- Q3　大気関係の公害防止管理者試験を受けたいのですが，水質や騒音・振動の勉強もしなければなりませんか？ …………………………116
- Q4　指数や対数の計算は，しばらくしていなかったので，もう一度，教えて下さい。 ……………………………………………………………118
- Q5　化学で出てくるモルってわかりにくいのですが，どんな考え方なのですか？ ………………………………………………………………122
- Q6　化学反応式の係数は，どうやって決めたらよいのですか？ …………126
- Q7　反応式を用いて反応量を求める計算の方法を教えて下さい。 ………130
- Q8　物質収支とは，どういうことですか？どういうところで役に立つのですか？ ………………………………………………………………132
- Q9　液クロやガスクロなどのクロマトグラフィーってどんな原理の機械なのですか？ …………………………………………………………136

第5編　大気概論

- Q1　大気の環境基準の項目とその水準はどうなっていますか？まとめて教えて下さい。 …………………………………………………140
- Q2　大気の環境基準には，その単位がppmで示されるものと，mg/m^3で示されるものとがありますが，どのように区別されているのですか？また，それらの間の換算はどのようにしたらいいのですか？ …142
- Q3　大気関係で出てくるK値規制とはどういう規制なのですか？ ………146
- Q4　オゾン層とは何ですか？また，その破壊はどのような反応で起こるのですか？ ………………………………………………………………148
- Q5　冷凍機の冷媒が洩れた時，アンモニアは軽いので冷凍機室の天井付近に，フロンは重いので部屋の床にたまると聞いたけど，なぜフロンはあんなに上空のオゾン層まで上がっていってオゾン層破壊をするのですか？ ……………………………………………………150

目　次

Q6 　二酸化炭素は水に溶けると炭酸になりますが，昔から大気中にあるのに酸性雨の原因とされていないのはなぜですか？ ……………152

Q7 　火星や金星の大気には酸素があまりないようですが，地球の空気の酸素はどこからきたのですか？ …………………………………154

Q8 　世界や日本の歴史的な大気汚染事件について教えて下さい。 ……156

Q9 　環境基準の主旨や有害物質による影響，そして大気汚染物質の種類とその影響についてまとめて教えて下さい。 …………………158

Q10 　大気汚染が動植物やその他のものに与える影響には，どのようなものがありますか？ …………………………………………………160

Q11 　大気関係の有害物質や特定物質の発生源について，その全体を教えて下さい。 ……………………………………………………………162

Q12 　練習のために，大気概論に関する問題をいくつか出してもらえませんか？ ……………………………………………………………164

第6編　大気特論

Q1 　気体燃料と液体・固体燃料の理論燃焼空気量の計算の仕方を教えて下さい。 ……………………………………………………………170

Q2 　理論燃焼空気量 A_0 と空気比 m が与えられている場合の燃焼ガス量の計算の仕方がわかりませんので教えて下さい。 ………………174

Q3 　ボイラーなどで用いられる燃料にはどのようなものがあるのですか？まとめて教えて下さい。 …………………………………………178

Q4 　ボイラーなどの通風にはどのような形式があるのですか？ ………182

Q5 　排煙からの硫黄酸化物の低減，すなわち，排煙脱硫法についてその概要をまとめて教えて下さい。 ………………………………184

Q6 　SOxと同じように，排煙脱硝法を含めたNOx対策についてその概要をまとめて教えて下さい。 ……………………………………188

Q7 　燃料試験法をまとめて簡単に教えて下さい。 …………………190

Q8 　硫黄酸化物および窒素酸化物の分析法をまとめて説明して下さい。 192

Q9 　大気特論の問題をいくつか出して下さい。問題を解く練習をしたいと思います。 ……………………………………………………194

第7編　ばいじん・粉じん特論

Q1 　粒子の大きさである粒径については，いろいろな定義があるようですが，それらについて教えて下さい。 …………………………200

Q2 　ふるい上分布やロジン・ラムラー分布などというものが出てきま

目　次

　　　　すが，これらは何ですか？ ……………………………………202
Q3　力学的な集じん方式にはどのようなものがあるのですか？原理や
　　　内容について教えて下さい。 ……………………………………204
Q4　電気による集じん方式について教えて下さい。 ………………206
Q5　洗浄集じんといわれる方式について教えて下さい。 …………208
Q6　ろ過集じんとはどんな集じん方法なのですか？わかりやすく教え
　　　て下さい。 …………………………………………………………210
Q7　コゼニー・カルマンの式は複雑ですが，覚えなければなりませんか？
　　　……………………………………………………………………212
Q8　送風ラインのところで，フードやダクトなどが出てきますが，こ
　　　れらはどんなものですか？ ………………………………………214
Q9　排ガス中の粉じんや特定粉じん濃度の測定法について教えて下さい。
　　　……………………………………………………………………216
Q10　練習のために，ばいじん・粉じん関係の基礎練習問題をいくつか
　　　出して下さい。 ……………………………………………………218

第8編　大気有害物質特論

Q1　ガス吸収の技術について，簡単にポイントを教えて下さい。 ………224
Q2　ガス吸収装置にはどのようなものがあるのかについて教えて下さ
　　　い。 …………………………………………………………………226
Q3　吸着とはどんな現象ですか？また，吸着を説明する理論について
　　　教えて下さい。 ……………………………………………………228
Q4　有害物質の特徴やその処理技術についてまとめて教えて下さい。 …230
Q5　特定物質にはどのようなものがありますか。それらの性質や特徴，
　　　事故における処置について教えて下さい。 ……………………234
Q6　有害物質の分析方法についてまとめて教えて下さい。 ………238
Q7　大気の有害物質の問題を解く練習をしたいので，いくつか出題し
　　　て下さい。 …………………………………………………………242

第9編　大規模大気特論

Q1　大気の安定・不安定という用語や，気温の逆転という用語が出て
　　　きますが，これらはどういう意味ですか？安定の方が不安定より
　　　良い状態と考えていいのですか？また，逆転とは何に対する逆転
　　　なのですか？ ………………………………………………………250
Q2　最大着地濃度や最大着地濃度になる距離はどのような式で計算さ
　　　れるのですか？また，それらの式を覚えなければなりませんか？ …252

目　次

Q3　大気拡散のサットンの式に出てくる拡散幅は，どうやって求めるのですか？また，着地濃度は，距離によってどのように変わるのですか？ …………………………………………………………………254

Q4　大規模大気特論の立場から製油所について，その概略を教えて下さい。 ………………………………………………………………258

Q5　大規模大気特論の立場から発電所について，その概略を教えて下さい。 ………………………………………………………………262

Q6　大規模大気特論の立場からセメント工業について，その概略を教えて下さい。 …………………………………………………264

Q7　大規模大気特論の立場からごみ焼却施設について，その概略を教えて下さい。 …………………………………………………266

Q8　大規模大気特論の立場から鉄鋼業について，その概略を教えて下さい。 ………………………………………………………………268

Q9　練習のために，大規模大気関係の基礎練習問題を出して下さい。 …270

　索引 ………………………………………………………………………275

公害防止管理者の学習にあたって

　本書の学習法を含めて，公害防止管理者の学習についての考え方を書いてみます。

公害防止管理者は公害防止の専門家

　公害防止管理者は，公害防止分野での専門家ですので，その分野での一通りの知識や見識を持ち合わせていなければなりません。

最初から専門家でなくてもよい

　しかしながら，はじめからそのような知識や見識を持った人でなければ公害防止管理者の国家試験に挑戦してはならないという訳ではありません。受験資格には制限はありません。受験時に，性別を問わないのは当たり前ですが，学歴も実務経験も問われません。

　上に述べたような専門家としての知識や見識は，国家試験のための学習を積みながら，あるいは実務経験をこなしていかれる中で，そして，実際に公害防止管理者としての業務をこなされる中でだんだんと身につけていけばよいのです。

　まずは，「この資格に挑戦しよう」という意気込みでスタートされればよいでしょう。

60％の正答率で国家試験に合格

　公害防止管理者の国家試験も，それなりのレベルのある試験ではあります。しかし，頑張れば合格できないものでもありません。実技試験はありませんし，60％の正答率で合格ですから，実務や知識の完璧な専門家になっていなくても受験ができますし，十分合格できます。

　本書の中でも説明してありますが，具体的に受験すべき科目のそれぞれの特徴をよく分析し把握して，計画し努力されれば合格圏内にはかなり容易に近づくことができるでしょう。

　3問中の2問が正答できれば余裕を持って合格です。いや，5問中3問の正

答で合格ラインなのです。極端に言えば，5問中2問はわからなくてもいいのです。そのつもりで，気を楽にして学習しましょう。

まずは軽い気持ちで

そうは言っても，公害防止管理者の分野では，やはり初めて学ばれる方にとって，入口の段階で戸惑ったり疑問が次々にわいてきたりしやすいものです。

本書は，そのような不安や心配にできるだけお答えできるように，多くの方が持たれる疑問を Question and Answer の形で整理していますので，斜め読みで結構ですから，まずは軽い気持ちでお読み下さい。

やる気になってきたら，技術的事項を学習しよう

斜め読みをしばらくされていると，公害防止管理者とはどんな分野なのか，どういうことが要求されているのか，暗記科目らしいものはどれかなど，公害防止分野の事情がだんだんつかめてくると思います。人間は，難しいことがわからなくても，その周辺の様子がわかってくると，結構安心できるものです。そのような状態になればしめたものです。

そうなった上で今度は，それぞれの科目の技術的事項について学習して下さい。ページの順序通りでなくてもよいのです。斜め読みの段階で，より興味や関心を持たれた科目，少しでもとっつきやすそうに見えた部分から取り組んでみましょう。

練習問題なども各所に配置してありますので，ご活用下さい。公害防止管理者の本試験様式である，五肢択一式（いわゆる五択）の問題をそれなりに用意してあります。

本書の範囲でも十分学習されれば合格ライン

本書は入門書として用意しています。多くの方々が入口付近で持たれる疑問，質問に答えようとして書いてあります。しかし，その流れにおいて，技術的事項のわかりやすい解説にも心がけております。公害防止管理者の試験分野の全部は網羅できていませんが，過去十年以上の出題傾向に加えて新制度になってからの問題を検討した上で，難しい方の20〜30％を除いた70〜80％の重要分野をカバーしています。

ですから，本書の範囲を十分に学習されれば，国家試験で合格ラインの60％の正答を得ることはそう難しいものでもありません。一生懸命勉強されれば，合格も可能です。
　勿論，「過去問」と呼ばれる，これまでに国家試験で出題された問題を解く練習などを併用されれば，より確実に試験突破の実力がつくことでしょう。

縄文海進

喫茶室

　縄文時代の初期には，現代で心配されている以上の温暖化が地球全体であったようで，その結果，それまで海ではなかった場所に瀬戸内海が生まれ，暖流である黒潮の一部が日本海に流れ込んで対馬海流となり，今のような日本列島の形ができあがったようです。また列島の太平洋側に流れる黒潮の影響によって，気候も温暖湿潤に変わったようです。これを縄文海進と言います。そして，四季の移り変わりのはっきりした温帯性気候のおかげで恵み豊かな日本の自然が生まれたのです。温暖化といっても，昔のそれはいい面もあったのですね。

　日本人が自然と仲良しなのも，このようなよい環境があったからこそでしょうね。

第1編
受 験 の 相 談

　この編では，公害防止管理者の受験を考えておられる読者の方に対して，基本的な疑問・質問にお答えする形で，ご相談に乗りたいと考えています。公害防止管理者の資格とは？その試験とは？といった疑問・質問をお持ちの方は，実際の学習に取り掛かる前にお気軽にお読み下さい。

　なお，公害防止管理者試験の合格基準は，一部の科目が多少悪くても他の科目と合わせて平均60%程度なら合格という運用がなされたこともありましたが，現在では，科目ごとに60%の正解が必要となっています。

Q1 公害防止管理者とは何ですか。その資格を持つと，どんなメリットがあるのですか？

A. 公害防止管理者とは

　公害防止管理者とは，次のような仕事をする人ということになっています。すなわち，法律で特定されている工場（特定工場）において，燃料や原材料の検査，騒音や振動の発生施設の配置の改善，排出水や地下浸透水の汚染状態の測定の実施，ばい煙の量や特定粉じんの濃度の測定の実施，排出ガスや排出水に含まれるダイオキシン類の量の測定の実施等の業務を管理する者です。「管理する者」ということですから，自分でするかしないかは関係ないのです。その工場でそれらの業務が法律に従って行われているかどうかを見ておく役目と考えて下さい。

特定工場には公害防止管理者を選任することが義務付けられている

　一定の規模の特定工場では，一定の資格者の中から公害防止管理者を選任することが，法律で工場の設置者に義務付けられています。ですから，公害防止管理者の資格を持つことと，公害防止管理者であることとは，必ずしも一致しません。

　公害防止管理者の資格は全国共通ですが，公害防止管理者はある工場において任命されるということになります。

公害防止組織

　特定工場には公害防止組織を置かなければなりません。法律の定める公害防止組織は，基本的に「一定規模以上（ばい煙発生量が1時間当たり4万 m^3 以上で，かつ排出水量が1日当たり平均1万 m^3 以上）の特定工場」と「その他の特定工場」に分けられ，次の3つの職種で構成されます。

① **公害防止統括者**
　工場の公害防止に関する業務を統括・管理する役割で，工場長などの職責の

Q1：公害防止管理者とは？その資格を持つと，どんなメリットがあるのですか？

ある者がなることが普通です。資格は必要なく，また，常時使用する従業員数が20人以下の特定工場では公害防止統括者は不要です。

② **公害防止主任管理者**

公害防止統括者を補佐し，公害防止管理者を指揮する役割です。排出ガス量4万m^3／時以上で排出水量1万m^3／日以上の特定工場での選任が必要で，部長または課長の職責にある者が想定されており，資格を必要とします。

③ **公害防止管理者**

先に述べましたように，公害発生施設または公害防止施設での運転，維持，管理，燃料，原材料の検査等の管理を行います。施設の直接の責任者が想定され，資格を必要とします。公害防止管理者は公害発生施設の区分ごとに選任しなければなりません。

公害防止管理者の資格のメリット

公害防止管理者の資格を持っているとどのようなメリットがあるのでしょう。多くの資格と同様に就職に有利になりますが，より具体的に言いますと，次のような意味合いがあります。
① 特定工場を持っていて，公害防止管理者の有資格者が少ない企業では，公害防止管理者を選任することに苦労しますので，資格を持っている人は優先して採用されます。
② また，直接に特定工場の公害防止管理者を選任する必要がない企業の場合でも，化学や環境に関する知識を持っていることの客観的な証明ともなりますので，就職活動でもかなり有利になります。

第1編　受験の相談

第1編　受験の相談

Q2　公害防止管理者試験の大気を受けるか，水質を受けるか，迷っているのですが，要求される知識分野はどのように違うのですか？

A. 確かに，同じ公害防止管理者の試験ですが，大気関係と水質関係とはある程度の違いがありますね。水質環境と大気環境の違い，それらの分野における技術の違いなどから，要求される知識分野にはある程度の差があるように思います。勿論，共通して必要とされる知識も多いのは当然ですが，これらの間の差異を少し整理してみます。

次ページに示します二つの表でおおよその違いを見ていただきたいと思います。ただし，これらの表も主観的な判断の入る部分もかなりありますし，相対的な表現でもありますので，その点はご了解をお願いします。

大きくまとめて言いますと，

1)　水質関係

どちらかと言うと，化学物質に関する知識およびそれらを分析することに関する知識がより多く必要と言えます。また，水処理には生物処理が大きな柱ですので，微生物に関する知識もある程度は必要でしょう。

2)　大気関係

どちらかと言うと，処理装置の機械的な，あるいは工学的な知識を要求される比率が，水質よりも多いことが特徴と言えるかと思います。

Q2：大気と水質で要求される知識分野はどのように違うのですか？

表1-1　環境一般および法律に関するおおまかな比較表（水質と大気）

知識分野	水質関係	大気関係
環境の一般知識	◎	◎
水質関係の一般環境知識	◎	△〜○
大気関係の一般環境知識	△〜○	◎
騒音・振動の一般環境知識	△〜○	△〜○
環境基本法に関する知識	◎	◎
公害防止管理者法に関する知識	◎	◎
水質汚濁防止法に関する知識	◎	△〜○
大気汚染防止法に関する知識	△〜○	◎
環境に関する国際条約等の知識	○	○
健康被害に関する知識	○	○

表1-2　学術的分野に関するおおまかな比較表（水質と大気）

知識分野	水質関係	大気関係
化学物質に関する知識	◎	○
モルの計算に関する知識	◎	◎
化学反応に関する知識	◎	◎
指数・対数計算に関する知識	◎	○
微分・積分に関する知識	△	△
機械に関する知識	○	◎
産業技術関係の知識	○	○
生物処理に関する知識	◎	×
化学分析に関する知識	◎	○

なお，記号は次のように表しています。
◎：かなり必要　　　　　○：ある程度は必要
△〜○：少し必要　　　　△：あまり必要でない
×：ほとんど必要でない

第1編　受験の相談

第1編　受験の相談

Q3 高等学校（あるいは，文系の大学）しか出ていませんが，公害防止管理者の試験を受けられますか？また，独学以外に公害防止管理者の勉強をする方法があれば教えて下さい。

A. 公害防止管理者の国家試験を受験する資格としては，学歴や年齢などの制限は一切ありません。日本語がわかる人なら誰でも受けられます。

しかし，受験できることと合格できることは違いますね。ご質問が「高等学校の理科の勉強しかしていませんが，公害防止管理者の試験に合格できるでしょうか？」あるいは，「文系の大学を出ていて，理系の勉強からは高等学校以来かなり遠ざかっていますが大丈夫でしょうか？」という主旨と受け取って，端的にお答えを申し上げますと，「頑張れば大丈夫」ということになると思います。

確かに，公害防止管理者の試験の問題には，環境に関する一般知識を問う問題も出ますが，化学を中心とした理系の内容もかなり含まれています。

しかし，理系の大学に進んでいない方が合格できないということではありません。私は（科目合格制の導入以前に）工業高校時代に水質四種と一種に合格した人を知っています。一年に一つしか受けられない時代でしたので，彼は高校二年生で四種を取ったことになります。公害防止管理者試験は（変な言い方になりますが）知力というよりもむしろ馬力でよいので，そのような頑張り方で勉強していただけば，公害防止管理者の国家試験に合格できる可能性は十分あります。

公害防止管理者の国家試験では，高度な数式を駆使した問題はかなり少なく，実力問題でもほぼパターン化されているところもあり，また，知識を問われる問題では暗記科目という要素が多分にあります。計算問題も仮に理屈がわからなくても，パターンとして解き方を学習しておけば解ける問題もかなり多く出ます。馬力の頑張り，つまり，繰り返し反復することで合格水準の60％というレベルを余裕を持って超えるだけの問題を解くことも可能です。

もし，公害防止管理者に関する参考書や過去の問題を見られて，化学などについてある程度のまとまった学習が必要と感じられましたら，先に危険物取扱

Q3：高等学校（又は，文系の大学）しか出ていませんが，試験を受けられますか？

者試験（大学化学系出身者は甲種試験，その他の方は乙種1～6類の試験）を受けるという手もあります。まずは，やさしいところから自信をつけて，一歩ずつ階段を昇るということも賢い戦略の一つではないでしょうか。

　また，全てを独学で学習される以外にも，次のような方法が考えられます。学習されるにあたって，一番望ましい環境は，湧いてきた疑問・質問にすぐに答えてくれる実力者が身近にいてくれることですが，そのような環境は，特に運の良い人はともかく，普通には望んでも得られないことが多いでしょうね。

1）講習会に参加する

　多くの機関で，公害防止管理者の短期集中講座のようなものが開かれていますので，インターネットなどで探されて，その内容や会場，費用，時間などの条件を検討し，受講することも一つの方法と思います。ただ，短時間での集中講義が多いので，ご自分の理解につなげられる部分が十分ではないかも知れません。しかし，学習の仕方やヒント，目の付け所などを得られるだけでも効果はあろうかと思います。

2）通信教育を受ける

　これもいくつかの機関で実施されているようですが，一般にテキストをもとに初めはほぼ独習に近い形で学習し，定期的に実力問題を解いて提出し，添削してもらう形が多いでしょう。学習の途中や実力問題を解く際に出た疑問・質問に対して答えてもらえるという利点もあります。完全独習よりは役に立つことも多いと思います。

3）専門学校に入学する

　専門学校は，一般に二年通学制が多いので，時間とお金（授業料，時には生活費まで）が必要になりますから，必ずしも多くの方にお勧めはできませんが，中には通信制の専門学校もあります。時にスクーリングに学校へ行く必要もありますが，お勤めを続けながら学習される一つの有力な方法と言えるでしょう。
　この方法のメリットは，直接に専門の先生に質問をぶつけることができたり，指導を受けることができたりするということです。時間とお金もかかりますが，効果は大きいでしょう。

第1編　受験の相談

Q4　過去問の勉強は最良の学習法って本当ですか？

A. 過去問とは何か？

　過去問とは，公害防止管理者の国家試験においてこれまでに出題された問題のことです。実は，長年実施されている多くの国家試験の問題では，それらの出題パターンは驚くほどよく似ています。まったく同じ問題こそないでしょうが，似通った問題はたいへんよく出題されています。

なぜ過去問はよく似ているのか？

　なぜ過去問はよく似ているのでしょう？毎年の問題を同じ人が作っているかどうかは別としても，結構神経を使う大変なお仕事なのではないかと思います。出題ミスがないようにすることは勿論ですが，いろいろなことを考えるとどうしても問題の形は制限されてくるのではないかと思われます。例えば，公害防止管理者の問題で言えば，およそ次のような条件を満たす必要があると考えられるからです。

(1)　**問題の水準**
  a) 合格させたいレベルの受験生に解けるものであること
  b) 実務に必要な知識で解けるものであること
  c) 基礎学力が検証できるものであること
(2)　選択肢を5つ用意して，その中で正解を1つだけ設定できること
(3)　平均約3分以内で正解が得られる問題であること

Q4：過去問の勉強は最良の学習法って本当ですか？

過去問の学習は最良の学習法

　これまでに述べましたような理由で，どうしても過去問はよく似てくるのではないでしょうか。あるいは，似た問題が数年ごとに出題される形となっているようです。

　従って，少なくとも5年，一般的には過去10年程度の問題の解き方を徹底的に研究することで，かなりの好成績が得られることでしょう。残念なことに，公害防止管理者の試験においては，公害総論と大規模大気特論，大規模水質特論は平成18年度からの新科目ですので，過去問の蓄積は少ないですが，それでも，これらの科目の一部は科目再編前にも出題されていましたので，それらも参考にされるとよいでしょう。

　いずれにしても，過去問の学習は最も効率のよい学習法と言っても過言ではありません。

Q5 難しい問題の解き方を教えて下さい。

A. 難しい問題の解き方

　難しい問題にもいろいろあろうかと思います。暗記していないとわからない問題は参考書などに戻って学習しなおす必要があるでしょう。また、一般に難しい内容が含まれる計算問題であっても、解き方のパターンを覚えることで（多少、邪道と言われるかも知れませんが）、理屈がわからなくても、解けることがあると思います。

　もし本当にきちんと解きたい計算問題があれば、ある程度計算練習などを積み、解き方を理解する必要があるでしょうね。

1) まず、問題を解いてみてわからない場合は、それを解説してある分野の参考書や教科書を参照して学習されることが一番大事であり、必要なことでしょう。

2) それでも難しいと感じる場合には、

　① その分野そのものが難しいと考えられる時は、その分野の基礎の本に戻って学習されることが望ましいと思います。

　② その分野はわかっているつもりでも、問題が解けない時や解き方がわからない時は、類題の解き方が書いてある本を研究して解き方を理解することも必要だろうと思います。
　　類題と言っても、まったく同じパターンの問題で数字だけが違うような問題はそう見つかるものではありませんが、同じ分野の問題なら、それらを学習されることでその分野の理解が深まり、解くべき問題の解き方もわかることが多いと思います。

3) 計算問題を解く方法の一つを書いてみます。ただし、これは人によりますので、これも参考の一つとしてご自分の方法を作り上げられることをお勧め

Q5：難しい問題の解き方を教えて下さい。

します。また，そんな面倒なことをしなくても解ける場合はわざわざそんな手順を踏まなくてもよいことは勿論です。
　基本は，その分野の基本法則や基本原理を学習しておくことです。

① まず，問題文を大雑把に読んでみて，どんな分野の問題であるかを知ります。
② 次に，熟読します。問題文の一文ずつをしっかり読んで，それを図や表やイラストにして問題の内容を理解します。
③ その分野の基本法則や基本原理を思い出します。どんな分野にも基本的な事項はそんなに沢山はないでしょう。
④ 選択肢をよく見ます。選択肢に重要なヒントがあることが多いです。例えば，選択肢の単位を見れば計算方法がわかる場合もあります。
⑤ これらのことを総合して問題の解き方を考えます。

難しい問題の勉強のための本を教えて下さい。

　化学関係の計算問題の練習には，例えば，次のような本はいかがでしょう。
「化学Ⅰ・Ⅱ計算の考え方解き方」　卜部 吉庸　著（文英堂）

第1編　受験の相談

Q6 微分や積分がわからないのですが，公害防止管理者の受験はあきらめないといけませんか？

**A.** 　微分や積分という分野は，数学でも少し難しいものになりますね。公害防止管理者の国家試験でも，ごくごく一部の科目ではこれらの力を必要とする問題も少しは出ることがあります。例えば，次のような科目に出題されることがあると思います。

[水質関係]
・水質概論：河川などにおけるBODの浄化作用

[大気関係]
・大気有害物質特論：ガス吸収技術
・大規模大気特論　：ばい煙の拡散

　従って，これらの知識や理解があった方が早く問題が理解できたり解けたりする部分はあります。ただ，これを知らないと全く受験できないものでもありません。むしろ，そういう難しい問題は圧倒的に少数ですので，ご安心下さい。これまでの傾向として一年に1問あるかないかというところでしょう。

　p 11でも述べていますように，問題全体の約60％の正答が得られれば合格です。それに対して，微分や積分を知らないと全く解けないという問題は非常に少ないです。知らなくても解けるものがほとんどです。ですから，ごく一部の問題を仮に解けなかったとしても，その他の問題で頑張って（得点を）稼ぐことが出来れば，微分や積分を知らない方，忘れてしまわれた方でも十分合格できます。

Q6：微分や積分がわからないのですが，受験はあきらめないといけませんか？

ただ，念のために，詳しいことは別として，少しだけ補足をしておきますと，

1）微分

微分とは，あるものが少しだけ変化した時に，それにともなって変わるものがどれだけ変化するのかという考えで作られた数学の一つの方法です。

2）積分

積分とは，微分の逆で少しずつ積算していった時，その量がどのようになるのかという計算の一つの方法です。

3）微分方程式

微分方程式とは，微分形式を含む式で作られた方程式を解くことによって，例えば，複数の量の間の関係がどのようになっているかを知るための非常に有益な方法で，物理や化学など多くの理系の分野でさまざまに使われている方法です。

これらだけでは，ほとんど詳しい内容はわからないと思いますが，繰り返しますように，これらの知識の必要な問題はごくごく少数（水質では，河川のBOD 浄化理論などだけ，大気では，煙からの汚染の拡散などだけ）ですので，公害防止管理者の受験だけのためでしたら，これらを理解されなくても形式的な解法を覚えることで解くことや，他の部分で頑張っていただくことで合格できる可能性は十二分にあります。従って，公害防止管理者の国家試験までの間には特に微分や積分を学習されなくても大丈夫です。

第1編　受験の相談

Q7 法律というものになかなかなじめませんが，法律の勉強の仕方を教えて下さい。

A. 法律の文章は，わざとわかりにくく書かれているのではないかと思うほどわかりにくいですね。文章も長く，文中の区切りも沢山あって，どこからどこに意味がつながっているのかわかりにくいものが多いですね。特に，公害防止管理者の試験を受けようという，どちらかというと理系の方々にとって，法律はかなりなじみにくいものになっているように思いますね。

　法律の学習の仕方も当然，人によって違うと思いますし，決まった形があるわけでもありませんが，比較的多くの人の意見として，共通の学習方法論について述べてみます。

1) 法律の第1条と第2条は暗記するくらいに徹底して学習しましょう。

　一般に法律では，第1条でその法律の目的，第2条でその法律で使われる用語の定義が書かれています。この部分は非常に重要で，出題されやすいところです。一語一語確認しておきましょう。例えば，「理念」と「概念」などよく似ている言葉であっても，その法律ではどの用語が使われているかを正確に把握しておきましょう。

2) その法律の構成を系統樹として捉え，法体系を理解しましょう。

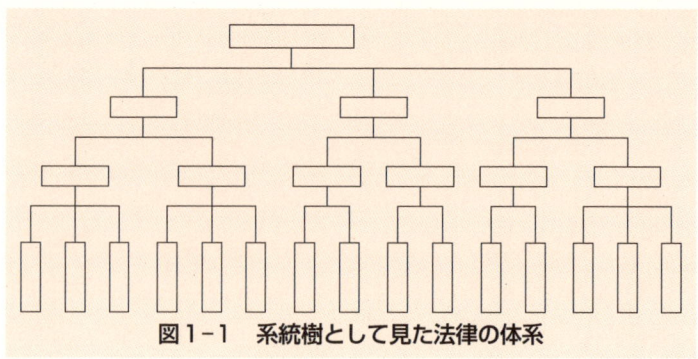

図1-1　系統樹として見た法律の体系

　系統樹とは，図1-1のような形で表現されたもので，体系を把握するのに適しています。このように理解することで，その法律が，どのような大きな幹

Q7：法律というものになかなかなじめませんが，法律の勉強の仕方を教えて下さい。

（柱）からできていて，その幹に中枝，小枝がどのように関係しているかを全体として把握することが出来ます。

3） 5W1Hとして理解しましょう。

5W1Hとは，誰が（who）何を（what）いつ（when）どこで（where）なぜ（why）どのように（how）ということでしたね。ですから，その法律上の行為，例えば，お役所に届出をする場合について，誰が，何を，どのお役所（大臣，知事，市町村長など）に，いつまでに，なぜ，どのように，届け出ればよいのか，という風に把握することが理解に役立ちます。

4） 問題意識を持って法律の条文を読みましょう。

法律の条文は，先にも述べましたように，そのまま初めから順番に読んでいって内容を理解しようとすると，これほど読みにくい文章はありません。何を書いているのか非常につかみにくいものです。

逆に，いわゆる過去問を解いてみて選択肢を絞り切れない時や，二つか三つの立場のうちどれが正しい立場かわからない場合など，それを解決するためにという問題意識を持ちながら関係すると思われる法律の条文を読んでみると，条文の意味がわかりやすくなることが多いと思います。そのようにして法律を読まれることをお勧めします。

5） 法律の最新の条文を手に入れるには，次のようにしましょう。

近年では非常に便利になっていて，インターネットのホームページ「法令データ提供システム（http://law.e-gov.go.jp/cgi-bin/idxsearch.cgi）」から最新の条文が手に入ります。以前は書物に頼っていましたので，改訂される度に買わなければならない（実際にはそんなに買えませんが）という不便さがありました。

第1編　受験の相談

Q8 公害防止管理者の勉強はいつ頃から始めるのがいいのでしょう？

A. 勉強を始めるのにいい時期というものはあるのでしょうか。よく言われますように，「学ぶのに遅いということはない」とか，「勉強する気になった時が，勉強を始めるのに一番いい時期だ」ということだと思います。せっかく，勉強する気持ちがあっても，「試験の半年前から始めるのが良いらしいから，今はやめておこう」などと思っていると，半年前になった時に勉強する気持ちが残っているかどうか疑問です。試験日と勉強開始時点との期間にはいろいろな長さがあっても，決して長すぎることはありません。続けていくうちに油が乗ってくることもあります。期間が長い場合には「細く長く」でもよいのですから，コツコツと続けることが大事です。

特に，公害防止管理者の試験の合格発表が毎年12月にありますが，一度受験されて不首尾であった時に，「まだ1月だから，まだ始めなくてもいいだろう」と思っているうちに日にちはどんどん経ってしまいます。12月から翌年の試験日（10月）までは一年もないのです。不首尾であった時，「来年のために，今から頑張ろう」という気持ちが大切です。試験までの期間が長い場合には実力を養成する学習を，試験が近づいてきたら暗記型の科目を重点的に学習するなどのメリハリをつけて学習しましょう。

試験まで1年以上の期間がある場合

人によって違いますが，この場合には，長い間少しずつ学習していかれることがよいでしょう。一日10分でも良いですから，特別な事情のある場合を除いて，途中でやめたり休んだりしないで続けられれば，かなりの実力がつきます。通勤や通学の電車の中でも良いですし，寝る前の短い時間でもいいです。とにかく毎日同じパターンで取れる時間に毎日続けることが大切です。本は，学習書でも問題集でも結構です。自分が気に入った本（一冊あるいは二冊程度）を繰り返し学習することで，しっかりした力がつくことでしょう。

科目ごとに学習計画を立てて，実力養成期間を前半に取り，暗記型の科目を後半に取りましょう。だからといって，前半に暗記型の科目を何もしないので

Q8：公害防止管理者の勉強はいつ頃から始めるのがいいのでしょう？

はなくて，前半にも一通り学習して内容はつかんでおいて，後半には暗記するための時間として利用するなど，あまりブランクを空けないための工夫も必要でしょう。実力科目も，前半に実力をつける学習を，後半には実戦的に問題を解く練習をするなどのメリハリを工夫しましょう。

試験まで半年程度の期間がある場合

半年でも学習期間としては十分です。半年の間コツコツと日々欠かさず，毎日短い時間でも続けられれば実力は確実に身につきます。やはり，学習書でも問題集でも構いません。同じ本を始めから終わりまで通して学習することを少なくとも3回以上繰り返せば，相当な力がつきます。始めの回は通読し，2回目は問題を解きながら，3回目は精読するなどと，勉強の内容に工夫を加えて続けられることもよい方法だと思います。

試験まで3ヶ月程度の期間がある場合

3ヶ月あれば決して短すぎることはありません。そのかわり（それまでにお持ちの実力によっても違ってきますが），かなりハードな学習が必要にはなるでしょう。3ヶ月の間，本当にキッチリとミッチリと学習されれば，実力は相当についてきます。この場合は，問題付きの学習書でも結構ですが，できれば本番の試験に近い問題を集めた問題集などがよいでしょう。一冊の問題集を始めから終わりまで繰り返し学習しましょう。まず，どんな問題が出るのかを通読します。実際に毎年かなり似た問題が出ています。次に読む時は問題の答えを考えながら，必ず考えた後で正解と照らし合わせます。更にその次の学習では解説を熟読します。試験直前にはもう一度問題を解きながら読みます。このように何度も学習される際に，その時の重点学習方針を変化させて取り組まれれば，飽きることを防ぎつつも自然に内容が身につくことになるでしょう。場合によっては（多少，邪道と言われるかも知れませんが），理屈がわからなくても覚えて解けるようになる問題も増やしましょう。

少しの時間も惜しんで問題文を読むこと，解説を読むこと，正解と照らし合わせることなどをこまめに続けることが必要です。このような作業を何度も何度も繰り返しましょう。試験は約60％できればよいのです。頑張りましょう。

第1編　受験の相談

Q9 勉強する気持ちを長続きさせるにはどうしたらいいのでしょう？

A. これはなかなか難しいテーマですね。人間はどうしても，楽な方に流れやすい動物です。どんな大学者でも，いざ机に向かうという時には抵抗があるものらしいです。そういう抵抗に打ち勝って勉強を続けることはほんとうに大変なことです。しかしながら，そういう抵抗感があるのは当たり前としつつも，工夫によってそれに打ち勝っていくことを多くの方がなされていると思います。

　気持ちを楽にすることが大切です。人間あまり硬い気持ちになると勉強の効率も上がりません。それは次のような例からもうかがえます。食事をする時に楽しく食べた方が，唾液もよく出て胃腸での消化がよくなるというデータがあり，それによると，しかめっ面をしたり，泣きながら食事をすると，消化も悪くなるのだそうです。そのあたりは，勉強も同じなのではないでしょうか。

楽しく勉強すること

　ことわざの「好きこそものの上手なれ」ではありませんが，一番良いのは楽しく勉強できることです。そうすると勉強内容の消化もよくなり学習が非常にはかどります。しかし，たいていの場合，勉強はそれほど楽しいものではありませんね。それを何とか楽しくする工夫をしてみましょう。「この勉強は楽しいんだ」と自分に何度も言い聞かせることで自己暗示を掛けてみましょう。それで少しでも気持ちが楽になれば，それなりの効果は上がるのではないかと思います。

ご褒美方式

　でも，それもなかなか…という人が多いと思います。別の方法として，「あと3問解けたら，買っておいたおいしいケーキを食べよう」というように別な楽しみを用意することも良いのではないかと思います。これなどは特に女性に効果があるかも知れませんね。いや，男性でも似たような工夫がありうるかも知れません。「よしっ，この問題が解けたら，冷やしてあるビールを飲もう」

Q9：勉強する気持ちを長続きさせるにはどうしたらいいのでしょう？

ということもあるのではないでしょうか。

大言壮語方式

　何か難しそうな言葉ですね。これも勉強の努力を続けるための一つの工夫です。「大言壮語（たいげんそうご）」というのは，人前で大きなことを言うことです。つまり，「俺は次の試験で公害防止管理者試験に合格するんだ」とか「私は来年公害防止管理者の資格を取るからね」と大勢の前で宣言するのです。

　そうすると，みんなの前で言ってしまった手前，合格しなければいけないことになります。そのことが勉強を続ける推進力になってくれます。つまり，自分をそういう状態に追い込むために，みんなの前で宣言するのです。でもこれができる人はなかなかの大物ですね。しかし，自分は大物ではないと思っていても，「大物になる」ためにこういうことをやってみるというのもいいのではないでしょうか。もともと大物でなかったとしても，意識的に大物らしく振舞うことによって，大物になっていくということです。「まず，形から入れ」と言われることの意味が何となくわかったような気がしますね。

第1編　受験の相談

Q 10　公害防止管理者の勉強をするためには，どんな本をどのくらい買えばいいのですか？

A. 本について

　勉強するための本はあまり多くない方がいいと思います。極端に言えば一冊でも，それを繰り返し繰り返し学習すれば十分合格できます。学習書といわれるものでも，問題集であっても，どちらでも一冊を何回も学習すれば十分合格の実力がつきます。学習書にもたいていはかなりの数の問題が載っています。

　しかし，「一冊では不安だ」という方もおられると思います。その場合は，学習書一冊とよく出る問題の詰まった問題集一冊との組み合わせがよいでしょう。問題集でわからない点やもっと詳しく知りたい点などを，学習書で調べるなどという風に両者を連携させて学習されることが効果的であろうと思います。

どんな参考書がいいのでしょうか？

　公害防止管理者に関しては，現在，本屋さんの店頭にはかなり多くの出版社から相当数の学習書や問題集が出されています。しかし，それらの本のレベルはほとんど同じくらいであると言ってもいいと思います。あとは学習しようという方が，自分の感性で，つまり，店頭でパラパラとご覧になって，「見た目」で選んでいただいてよいのではないでしょうか。後は，その選ばれた本ととことん付き合うことが重要です。極端に言えば，どの本でも自分が第一印象で気に入った本を十分繰り返し学習することが合格への近道と言えるでしょう。

　そうは言っても，沢山ある本の中からどれを選べばよいか，迷う方も多いかと思います。やはり勉強しやすい本とは，詳細な図解や，イラストが多い本ではないでしょうか。人間は，文字だけから情報を得ることにはかなりのエネル

Q10：公害防止管理者の勉強のために，どんな本をどのくらい買えばいいですか？

ギーを使うため，文字ばかりの本だと勉強が長続きしにくく感じるかもしれませんし，頭もとても疲れます。イメージ的，視覚的に情報をとらえる方が頭にスッと入りやすいものです。そういう意味では，図表の多い本が勉強には向いていると思われます。疲れた時のために息抜きの話題などが提供されている本もよいでしょう。

「新・公害防止の技術と法規」

「新・公害防止の技術と法規」という本が，大気関係（粉じん関係を含む），水質関係，ダイオキシン類関係，騒音・振動関係など，それぞれの公害防止管理者の区分ごとに出ています。この本は，試験の実施団体（社団法人 産業環境管理協会）から出ている本です。かなり詳しく書かれており，試験の範囲を網羅していると言えるでしょう。試験問題もほぼこの本から出ていると言ってもよいかと思います。

ただ，この本は専門家が専門家として普通に書いている本のように思います。一般の人に読みやすいようには工夫されておりません。加えて，値段もかなりしますし，分厚くて（私たちは「電話帳」と呼んでいます）初めて学ぶには骨が折れますし，演習問題もありません。内容が詳し過ぎて学習しづらいという感じがします。

それらの点を承知で学習される方にはおすすめです。公害防止の実務に就かれた際にも，便覧などとしてかなり役に立ちます。ただ，学習方法を確立しておられる方を除けば，学びやすさという点からはあまりおすすめできません。自分の印象で「学びやすい」と思われる学習書などを使いこなすことが，一般的にはよろしいかと思います。

環境白書

公害総論をはじめとして，水質関係の水質概論や，大気関係の大気概論のための知識として，環境省から出されている環境白書（最近は「環境・循環型社会白書」になっています）は読んでおかれると役に立つことが多く書かれていると思います。毎年出版されていますので，それらを全て購入することはたいへんですが，環境省のホームページで閲覧ができます。

http://www.env.go.jp/policy/hakusyo/

第1編 受験の相談

Q11 ひとりで勉強していてわからないことが出てくるとなかなか先に進めません。そんな時,どうしたらいいのでしょう?

A. よくある悩みですね。一番良いのは,気軽に質問できてすぐに答えてくれる人が近くにいることですが,ほとんどの人はそんな理想的な環境にはいないものですよね。そんな時には,どうすれば良いか,参考になりそうなことを挙げてみますので,いろいろ工夫をしてみて下さい。

1) わからない点を飛ばして先に進む

たいていの国家試験は60%の正答率で合格です。公害防止管理者も例外ではありません。ですから,3問中2問,いや5問中3問わかればいいのだと考えて,一生懸命考えてわからない問題があっても,それが少しなら良いのだと割り切ります。そして,次に進みます。

2) インターネットで質問に答えてくれるサイトに聞いてみる

この方法は,インターネットを利用できる環境にある人に限られますが,近頃ではかなりいろいろなインターネットのホームページ(サイト)が開かれています。普段から探しておけば,質問や悩みに詳しくあるいは親切に答えてくれるものも見つかります。近年加入人口が急激に増えているSNS(ソーシャル・ネットワーキング・システム)などの中にも,公害防止管理者やその他のコミュニティがあって繁盛しているものもあるようです。

これらを一度調べておくことも一つではないでしょうか。

3) 気分転換に別な資格や科目に取り組む

別の見地からの一般論ですが,人は一つのことでつまずくと,しばらく元気がなくなってしまうことがあります。そういうことを少しでも防ぐための一つの方法として,別な分野の資格に取り組む,つまり,最初から同時に二つの資

Q 11：ひとりで勉強していてわからないことが出てきた時，どうしたらいいですか？

格に挑戦するというやり方もあります。一つが嫌になったら，もう一つの資格の勉強に切り替えます。例えば，公害防止管理者と漢字検定の二つでそういうことをしてみるということです。

　「二つの別な分野を勉強するなんて大変で考えられない」という方には，公害防止管理者の大気と水質の二つという手もあります。「そんなことも，とてもとても…」という方でしたら，公害防止管理者の大気の中の2科目，あるいは，水質の中の2科目という手はどうでしょうか。これなら，いずれやらなければならない科目ですから，数科目ある中から同時並行で2科目を進めます。その中でも「法律」と「分析」の二つ，あるいは，「環境問題の歴史」と「大規模特論」など，できるだけ分野を離す工夫をしたりしてはいかがでしょうか。

　一つの勉強で行き詰まった時にその行き詰まりをしばらく忘れて，もう一つの方を学習することで気持ちを切り替えます。そちらが行き詰まったら，気持ちを新たにして，しばらく忘れていた方に取り組みます。

第1編　受験の相談

Q12 試験前に，また，試験に臨んで気をつけるべきことはどんなことですか？

A. 受験前の心構え

　公害防止管理者の試験を受けると決めたら，できるだけ計画的に学習しましょう。特に，自分の弱点分野をどのように学習するかを計画して頑張って実行しましょう。苦手な分野はなんとなく勉強がイヤになりがちですが，そこを何とか自分を励ましながら努力しましょう。

　通例では毎年7月が出願時期です。受験申込を忘れないようにしましょう。年に一回しかチャンスがありませんので，これを逃すと一年あとになってしまいます。受験願書は，全国約9ヶ所の経済産業局等で入手できます。勿論，郵送してもらうこともできます。

　出願にあたって必要になるものは，受験願書，収入印紙（受験料を納めるためです），写真，郵便切手などです。

　試験科目の一部を免除される場合（科目合格された場合）は，既に合格された科目の合格証の写しが必要です。

試験直前に

　受験に必要なものを忘れないように，できればチェックリストを作って，それをチェックする形で忘れることのないように気をつけましょう。

　あらかじめ，試験会場などを下調べしておきましょう。近距離の場合は下見をしたり，遠距離の場合はインターネットなどで周辺の地図を手に入れる等の準備もしておきましょう。

　試験直前の生活において，できるだけお酒の席を遠慮したり，風邪を引かないように気をつけるといった注意も大切です。

当日の心構え

　受験の当日は送付された受験票を忘れないようにしましょう。また，試験会場には，少なくとも30分前には到着するように出発しましょう。早めに自分

Q12：試験前に，また，試験に臨んで気をつけるべきことはどんなことですか？

の席を確認しておきましょう。当然ですが，あらかじめ用便などもすませておきましょう。

試験において

まずは，落ち着いて深呼吸をしましょう。受験番号と名前を書きましょう。そして，「全部できなくてもよいのだ。60％でよいのだ」と自分に言い聞かせましょう。

> 全部できなくても，60％でいいのだと思うと，なんか気が楽になってきた。

　問題は少なくとも2回は読みましょう。
　公害防止管理者の試験時間は科目ごとの問題数に応じて，35分～90分です。1問あたりに使ってもよい時間は，3.0分～3.5分です。勿論，全ての問題がこの時間で解けるわけではありませんね。問題を読んだだけですぐに解答できる問題と，考えたり解いたりするのにどうしても時間のかかる問題とがあります。ですから，すぐに解ける問題をさっさと解いて，時間を要する問題に時間を残すことが大切です。順番に解いていくことが出来ればそれもよいのですが，臨機応変（その場その場で状況に応じて短時間に適確な判断をして対応すること）に解いていきながら，時間をかけたい問題のために時間を確保しましょう。ここで，順番に解かない場合，どの問題が未着手で，どれが既に解いているのかを自分でわかる目印などを決めておくことも一つの工夫だと思います。

　ご健闘をお祈りしております。

第1編 受験の相談

第1編　受験の相談

里地里山文化

喫茶室

　里地里山という言葉を既に多くの方がご存知と思います。日本が，縄文時代からの豊かな自然の中で，自然と融合して暮らす方法を作ってきた一方，世界の多くの国は，人口の増加によって森を切り拓いて畑にし，畑から作物を取れるだけ取って，十分に栄養を補給せずに荒地にしてしまうような自然との関わり方をしてきたようです。

　近年では日本においても自然破壊が心配される状況ですが，自然環境に配慮した施策等の実施により，生物多様性が維持され，これからも自然の恵みが受けられるように里地里山を大事にしたいものですね。ちなみに，里地だけではなくて，里海，里湖，里浜といったものもあるようです。

第2編
大気関係・水質関係の共通事項

はじめに

　この編では，公害防止管理者の大気関係や水質関係のそれぞれの区分に共通する分野で，化学や分析の基礎事項についての疑問や質問にお答えします。
　このあたりも，はじめは寝転んで斜め読みしていただいて結構です。

第2編　大気関係・水質関係の共通事項

Q1 化学物質の書き方には多くの表記法がありますが，ベンゼン環の中心から棒が出ている分子式はどういう意味なのですか？
また，分子名の前に，3,3′-や，p-その他，n-と付くものがありますが，これらはどういうことを意味しているのですか？

A. 化学記号

化学式には確かにいろいろなものがありますね。水素のHや，ヘリウムのHeから始まって，食塩である塩化ナトリウムはNaClですし，塩酸（塩化水素）のHClなどはまだ単純な範囲ですね。原子の種類が多い分子になるとだんだんと複雑になってきます。分子をどういうレベルで見るか，ということによっても表現が違ってきます。アンモニアは単にNH_3と書くこともありますし，結合を明示して右図のように書くこともあります。

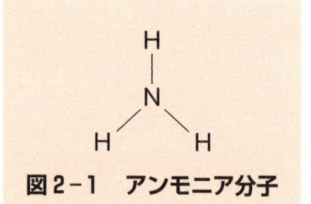

図2-1　アンモニア分子

有機化合物になると，もっと複雑になりますね。炭素と水素だけからできている分子でもたくさんの種類がありますので，結合の状態を示さないとならないものも多くなります。

2種類のブタン

例えば，ブタンという炭化水素があります。C_4H_{10}という化合物ですが，右図のように2種類の異性体（同じものでできているのに，結合の仕方の違いで別な分子になるもの）がありますので，直鎖状の（炭素が一列に結合している）ものにノルマル（n-），枝分かれしているものにイソ（i-）という接

ノルマル-ブタン　　イソ-ブタン
（n-ブタン）　　　（i-ブタン）

図2-2　2種類のブタン

Q1：化学物質の書き方には多くの表記法がありますが，それらを教えて下さい。

頭語を付けて区別しています。

ベンゼンとその誘導体

　ベンゼンの単純な書き方は次の図の(A)ですが，その他にも図の(B)〜(E)のようないろいろな書き方もあります。これらは，すべてベンゼンを意味していますが，その時の立場によって炭素や水素を書いたり書かなかったりします。

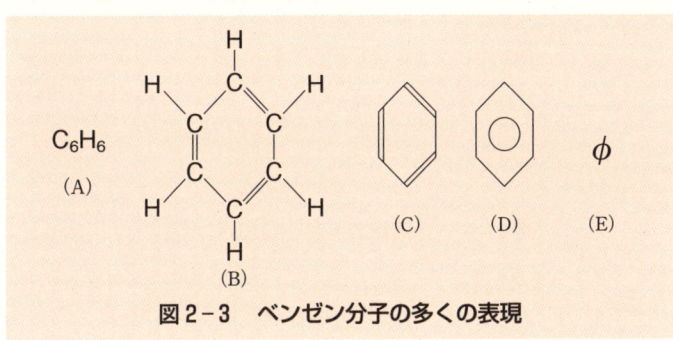

図2-3　ベンゼン分子の多くの表現

　このベンゼンに他の原子や原子団が結合しますと，それに応じて詳しく書く必要も出てきます。ベンゼンに塩素原子が一つだけ結合したクロロベンゼン（あるいは，クロルベンゼン，モノクロルベンゼンなどとも言いますが）は1種類しかありませんので，あまり表記法に問題はありませんが，塩素原子が2つ結合したジクロロベンゼンには次のように3種類の異性体があって，オルト-（$o-$），メタ-（$m-$），パラ-（$p-$）という接頭語が付きます。

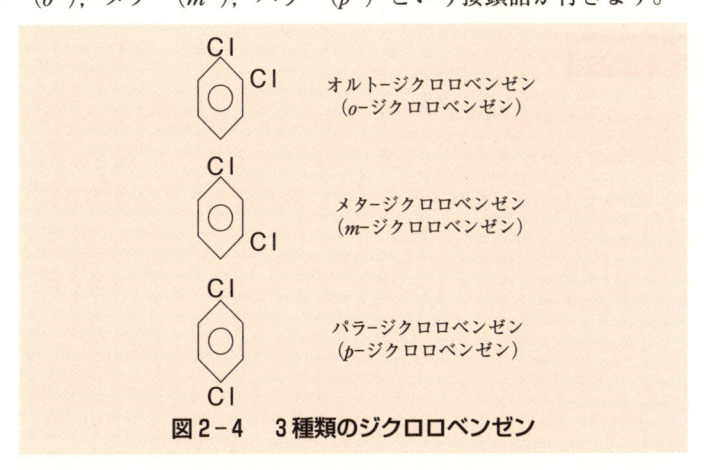

オルト-ジクロロベンゼン
（$o-$ジクロロベンゼン）

メタ-ジクロロベンゼン
（$m-$ジクロロベンゼン）

パラ-ジクロロベンゼン
（$p-$ジクロロベンゼン）

図2-4　3種類のジクロロベンゼン

第2編　大気・水質関係共通

また、塩素原子が3つ結合したトリクロロベンゼンには次のような3種の異性体があります。

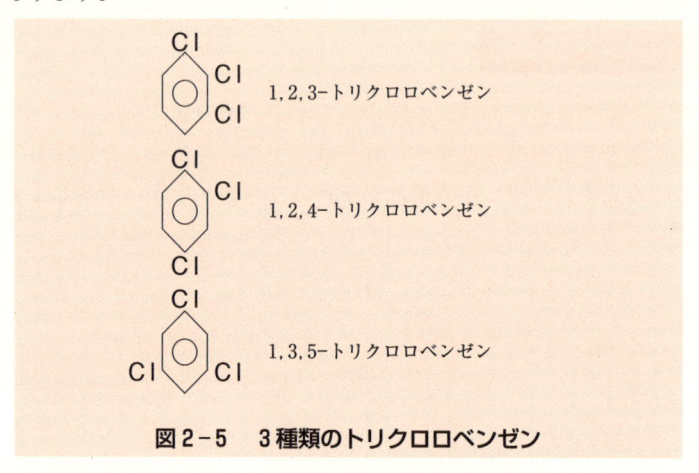

```
    Cl
   ╱══╲ Cl
  │ ○ │         1,2,3-トリクロロベンゼン
   ╲══╱ Cl

    Cl
   ╱══╲ Cl
  │ ○ │         1,2,4-トリクロロベンゼン
   ╲══╱
    Cl

    Cl
   ╱══╲
  │ ○ │         1,3,5-トリクロロベンゼン
   ╲══╱
  Cl    Cl
```

図2-5　3種類のトリクロロベンゼン

　2,4,6-トリクロロベンゼンなどもあるのではないかと思いたくなりますが、これは実は1,3,5-トリクロロベンゼンと同じものになります。その場合は、数字の若い方を採用することになっています。

　これらのようにベンゼン環に多数の塩素が結合するものをまとめて右図のように書くこともあります。かなりたくさんの種類の分子を1つの図で書いてしまったものになっていますね。

Cl_n

ダイオキシン類

　上のような書き方を使いますと、かなりたくさんあるダイオキシン類が次の3つの図で表すことができます。炭素に付いている数字は、そこに付くべき塩素を示すためのものです。PCBのように、同じ形が二つある場合には、一方に´（ダッシュ）がついています。

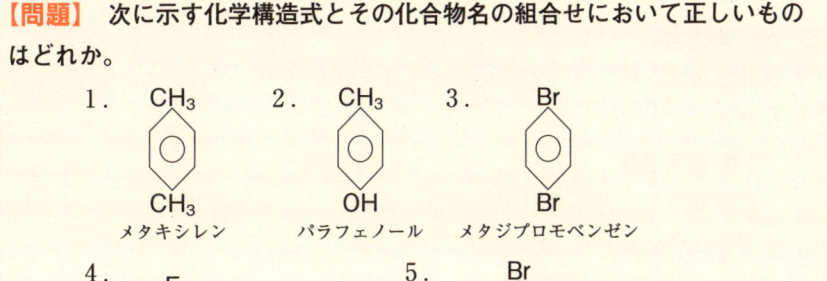

Q1：化学物質の書き方には多くの表記法がありますが，それらを教えて下さい。

ポリクロロジベンゾーパラージオキシン
(PCDD$_S$)

ポリクロロジベンゾフラン
(PCDF$_S$)

コプラナーポリクロロビフェニル
(コプラナーPCB)

図2-6　ダイオキシン類の3分類

第2編　大気・水質関係共通

【問題】　次に示す化学構造式とその化合物名の組合せにおいて正しいものはどれか。

1. メタキシレン
2. パラフェノール
3. メタジブロモベンゼン
4. 2,3,4-トリフルオロベンゼン
5. 1,2,3,4-テトラブロモベンゼン

解説

肢1と肢3はメチル基や臭素が一番離れているのでパラですね。肢2はパラでよいのですが，フェノールではなくてパラクレゾールです。肢4は数字の若い表示として，1,2,3-であるべきですね。肢5は正しい名称となっています。

正解　5

Q2 濃度の単位に w/v などと書かれたものがありますが,これは何ですか? 濃度の単位を整理して教えて下さい。

A. 濃度の単位

濃度の単位は,基本的に次のような形で定義されます。つまり,対象とする物質の濃度は,その物質の量を全体で割ったものだからですね。

$$\text{物質の濃度} = \frac{\text{溶質の量（質量または体積）}}{\text{溶媒または溶液の量（質量または体積）}}$$

その表し方には,次のようにかなり多くの種類があります。

1) 百分率濃度

いわゆるパーセント(百分率)で表すものですが,これにもいくつかの種類があります。

a) 重量/重量濃度

対象物質も全体もそれぞれ重量(質量)で表すものです。
w/w%, %(w/w) などと書かれます。

b) 重量/容積(体積)濃度

対象物質は重量(質量)ですが,全体は体積で表すものです。一般にサンプルは体積で採取され,分析対象物質は質量で求められる水質分析などで多く用いられます。w/v%, %(w/v) などと書かれます。

c) 容積(体積)/容積(体積)濃度

対象物質も全体もそれぞれ容積(体積)で表すものです。
v/v%, %(v/v) などです。

2) モル濃度

溶液 1 L = 1,000 mL 中に含まれる溶質の物質量(mol)です。単位は,mol/L, mol/dm^3, mol・dm^{-3} などです。L と dm^3 とは同じ単位ですので,これらの濃度の単位は同じものですね。ℓ よりは L が推奨されています。

Q2：濃度の単位にw/vなどと書かれたものがありますが，これは何ですか？

3）**重量モル濃度**

溶媒1 kg＝1,000 g中に含まれる溶質の物質量（mol）で単位はmol/kgです。

4）**式量濃度**

あまり多くは用いられませんが，溶液1 L中に含まれる溶質のグラム式量（formol）で，formol/Lです。

5）**百万分率濃度，十億分率濃度，一兆分率濃度，千兆分率濃度**

低濃度の物質の濃度として，環境問題でよく出てきますね。
a）百万分率濃度：ppm　　b）十億分率濃度：ppb
c）一兆分率濃度：ppt　　d）千兆分率濃度：ppq

百分率濃度と同様に，w/w，w/v，v/vの区分があります。w/wppm，ppm（v/v）などと書きます。

6）**規定度**

溶液1 L＝1,000 mL中に含まれる溶質の量を（モルではなくて）価数換算して表すものですが，最近では使われなくなりました。

濃度の単位間の換算

各種濃度の単位の間での換算については，それなりに練習をしておいていただきたいと思います。とくに，モルに関する換算は水質でも大気でも重要です。

1）**質量（gなど）と物質量（mol）**

分子量を換算係数と思って換算します。分子量は単位を付けない慣例ですが，あえて付けますと［g/mol］（モル質量）となります。水の分子量は18ですので，18［g/mol］と考えて，その36 gは2 molと換算します。

2）**標準状態の気体の体積（m^3_N，L_N）と物質量（mol）**

m^3_Nなどの下付き添え字Nは，標準状態（p 48参照）という意味です。1 molの気体は（理想気体を前提として）常に，標準状態で22.4 Lでしたね。

$$22.4\ L_N/mol = 22.4\ m^3_N/kmol$$

Q3 気体の状態方程式とはどんなものですか？教えて下さい。

A. 気体の圧力と体積に関する式です。気体ですから大気関係の方には当然必要ですが，水質関係の方も，例えば，生物処理をして発生する気体の体積などを求める際に必要になります。

理想気体の状態方程式

理想気体とは，気体の分子には大きさがないということと，分子どうしがお互いに影響しないという仮定が成り立つものを言います。そのような気体に対して，温度 T [K]，圧力 P [Pa] の時の n モルの気体の体積を V [m^3] としますと，次の式が成り立ちます。

$$PV = nRT \quad \{R \text{ は気体定数で, } 8.314 \text{ J}/(\text{mol·K})\}$$

この式によって，温度や圧力が変化した気体の体積などを計算できます。また，標準状態と言われる0℃（273 K）で1気圧（101.3 Pa）に換算した体積で気体を比較することができます。この式の応用問題は非常によく出ますので，いろいろな角度からこの式を使う練習をしておいて下さい。

実例で考えてみましょう。

【例題】次の(A)と(B)では，どちらの方が空気は多いでしょう。
(A) 100℃，10気圧で，100 L（リットル）の空気
(B) 50℃，20気圧で，50 L の空気

【解】単純に，100 L の方が 50 L より多いと考えてはいけませんね。気体というものは，温度や圧力で体積が大きく変わるものなのですから。

ここでは，空気が理想気体と仮定して（つまり，近似して，ということですが）その状態方程式を使いましょう。空気のモル数を比較すればよいので，モル数 n を求める式を作ります。ここに，atm は気圧の意味です。

(A) $\dfrac{10 \text{ atm} \times 100 \text{ L}}{R \times (100 + 273) K}$

(B) $\dfrac{20 \text{ atm} \times 50 \text{ L}}{R \times (50 + 273) K}$

Q3：気体の状態方程式とはどんなものですか？教えて下さい。

　これらの二つの式を比較しますと，最後まで計算するまでもなく，分子どうしが等しいので，分母を比べればよいことがわかりますね。ですから，分母の小さい(B)の方が数値は大きくなります。正解は，(B)です。

　この例題では，二つの比較をするだけでしたが，多くのものを比較する場合には，一つの状態に換算して比較すると便利ですね。そのために，標準状態（0℃，1気圧）がよく使われます。
　例えば，公害防止管理者の分野において，大気汚染防止のために煙突からの排出量を標準状態に直して計算し，許容される環境基準を守っているかどうかが判定されます。

第2編　大気・水質関係共通

第2編　大気関係・水質関係の共通事項

Q4 公定分析法とは何ですか？また，その分析法を全部覚えなければなりませんか？

A. 公定分析法

　公定分析法とは，国で定められた分析方法のことです。環境関係の試料（サンプル）のことを環境試料と言いますが，この試料について環境法上必要な分析項目が定められており，その項目をどのような方法で分析するべきなのかを国が定めているのです。それには，環境庁告示，あるいは環境省告示およびJIS（日本工業規格）とがあります。環境庁の時代に告示されたものは，現在でも「環境庁告示」と呼んでいます。

　専門家が分析すれば誰でも同様の結果が得られるように，それぞれの項目について，分析の方法や手順，使用試薬の水準まで，こと細かに決められています。

公害防止管理者の国家試験において

　公定分析法を，公害防止管理者の国家試験のために全部覚えることは全く必要ありませんし，また，覚えられるものでもありません。皆さんが，将来において分析の実務をされる場合や，公害防止管理者としての職務を行われる際に必要であれば，国が定めたJISなどの分析方法について，書類を読んで正しい操作方法を理解されさえすれば十分なのです。

JISの分析法が詳しく書かれている本を教えて下さい。

　JIS（日本工業規格）はそれこそJISという本に載っていますが，これは多数の分冊になっていて，量が多すぎて手に入れるのが大変です。比較的要領よくコンパクトにJISの分析手順をまとめてある本として，次のようなものがよいでしょう。
・日本規格協会「JIS使い方シリーズ　詳解工場排水試験方法」
・同協会「同シリーズ　化学分析の基礎と実際」

Q4：公定分析法とは何ですか？また，分析法を全部覚えなければなりませんか？

ぼくは肯定分析法だ

そうか，君は「偉大なるイエスマン」だな（笑）

第2編 大気・水質関係共通

第2編　大気関係・水質関係の共通事項

Q5　分析で使われる検量線とはどんなものなのでしょうか？

A. 検量線は分析ではよく使われますね。測定したい濃度が直接測れない場合、濃度と一定の関係にある別の量（主に物理量）を測定して、検量線によって濃度を決定する手続きが取られます。例えば、濃度を測定したいのに、測定できるのは電気伝導度であったりします。検量線の例を図に示します。

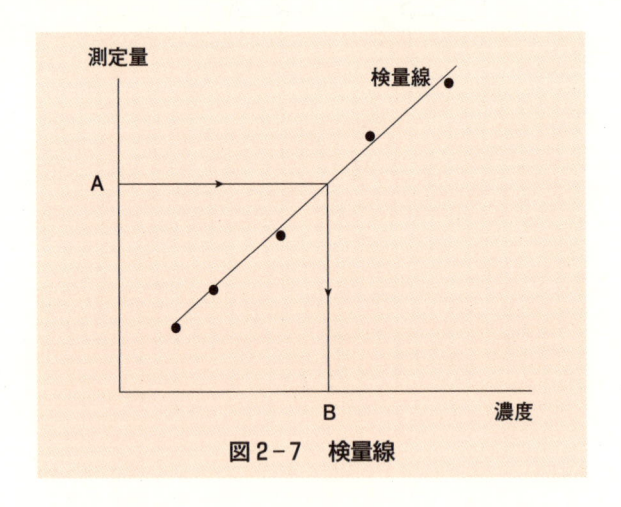

図2-7　検量線

普通は、測定量と濃度との間に直線関係が成り立つ場合が多いですが、時には曲線の関係であることもあります。曲線の関係の場合であっても、狭い範囲では直線と見なせるということで直線として扱うこともあります。図では、濃度のわかった数点の溶液について、その量を測定してプロット（グラフに点を書くことです）して、それらの点を通る直線、あるいは、これらの点から求められる最も確からしい直線を引きます。この線引きは以前は手で引いていましたが（人間の眼は結構正確です）、最近ではデータから計算してその直線を引きます。その計算法を最小二乗法（自乗法）と言います。濃度分析のための、この線を検量線と言います。検量線が引けますと、次に測定したい実液の量を測定して、その値が図中のAになったとしますと、図の矢印のように線をたどって濃度Bを求めます。勿論、検量線のデータをコンピュータに入れてお

Q5：分析で使われる検量線とはどんなものなのでしょうか？

いて計算で濃度Bを求めることも多いでしょう。

　検量線を求める最小二乗法において、相関係数r（計算の便宜上、r^2で表示されることも多いです）が同時に求められます。rの値によって検量線を求める測定の測定精度が議論されます。

　$r=1$の場合は、検量線のためのデータが完全に一直線になる場合です。測定精度が最高に良いことを示しますが、まず通常はありません。

　$r=0.999$を超える場合、9が3個ありますので、スリーナインと呼んでかなり精度が良いことになります。当然、フォーナインの方がより高精度で、そのくらいになると「プロ級」と自慢されてもよいでしょう。

第2編 大気関係・水質関係の共通事項

Q6 容量分析法とは，どのような分析法を言うのですか？その中の主な分析法についても教えて下さい。

A. 水溶液中の化学反応を利用して化学種を定性（化学種が何であるかを決めることです），あるいは，定量（化学種の量・濃度を決めること）分析を行うことを**湿式化学分析法**と言います。その中にも次の二つがあります。
1) **容量分析法**：体積の測定に基づく分析法です。
2) **重量分析法**：質量の測定に基づく分析法です。

容量分析法

容量分析法のほとんどは，実際には**滴定分析法**と呼ばれるものとなっています。つまり，定量されるべき物質Aの未知濃度溶液に，その物質と定量的に（一定比率で）反応する適切な試薬Bの既知濃度溶液を加えて反応させ，その反応当量点（反応比率相当点）を見出す操作が滴定と呼ばれる操作です。その当量点におけるAとBの容積とBの濃度からAの濃度を計算で求めることになります。

【例】Aのm_AモルとBのm_Bモルとがちょうど反応するような場合，AのV_A [mL]とBのV_B [mL]とで当量になったことがわかれば，Bの既知濃度x_B [mol/L]に対して，Aの濃度x_A [mol/L]は次の式から求められます。

$$\frac{x_A V_A}{m_A} = \frac{x_B V_B}{m_B}$$

より，次のようになります。

$$x_A = \frac{m_A V_B}{m_B V_A} x_B$$

いきなり，この式を出されても迷われるかと思いますので，わかりやすくするために，水酸化カルシウム溶液をりん酸標準溶液で滴定する場合を考えます。「迷った時は具体例で」という原則です。反応式は，

$$3\,Ca(OH)_2 + 2\,H_3PO_4 \rightarrow Ca_3(PO_4)_2 + 6\,H_2O$$

Q6：容量分析法とは，どのような分析法ですか？その主なものも教えて下さい。

つまり，$Ca(OH)_2$ が3モルと，H_3PO_4 が2モルで当量ですので，$Ca(OH)_2$ のモル量 $x_A V_A$，H_3PO_4 のモル量 $x_B V_B$ について，次の比例式が成立します。

$$x_A V_A : x_B V_B = 3 : 2 = m_A : m_B$$

これを整理すれば，

$$x_A = \frac{m_A V_B}{m_B V_A} x_B$$

となります。ここまでの計算は手間もかかりますので（計算の練習と化学の勘をつかむ意味はありますが），「m_A が大きい場合，つまり，物質Aが多量のモルを必要とする場合は，Aの濃度が大きくないといけませんので，x_A は m_A に比例する」と考えると，この式も容易に導けますね。

滴定分析法の種類

① **酸塩基滴定法（中和滴定法）**
   酸と塩基（アルカリ）による中和反応を利用します。
② **酸化還元滴定法**
   酸化剤，あるいは還元剤を用いた滴定です。
③ **錯形成（錯体形成）滴定法（キレート滴定法）**
   主にキレート（錯体：異なる分子がくっついたものと考えて下さい）を形成する試薬による錯体の形成反応を利用します。EDTA（エチレンジアミン四酢酸）が各種金属と1：1の錯体を形成する反応が多く用いられます。
④ **沈殿滴定法**
   沈殿物を生じる反応が使われます。主に，硝酸銀標準液によって指示イオンや臭素イオン等が滴定されます。

重量分析法

これは前ページに述べましたように，質量を正確に測定して分析する方法です。

単純な方法ではありますが，容器の重さを差し引くなどの十分な配慮も必要です。

第2編 大気・水質関係共通

Q7 分光分析法とは,どんな分析法なのですか?

A. 分光分析法

分光分析法とは,もともと光をプリズム,あるいは回折格子でその波長に応じて展開,つまり,光を分けたものをスペクトルと呼んだことに由来します。もとは,可視光の放出あるいは吸収を研究する分野でしたが,今では広く光の概念を拡張した電磁波の放出や吸収をもとに分析する手法を言います。

物質が発する電磁波や吸収する電磁波が物質の特性(個性と存在量)を表すことによります。

分光法の測定装置

大別すると光源,試料容器,分光器,検出器から構成されます。

吸光光度法

特定の波長の光に対する物質の吸収強度によって濃度を測定します。吸光度 A は無次元の量で,次の定義に従って算出されます。

$$A = -\log_{10} \frac{I}{I_0}$$

ここに,I_0 は入射光強度,I は透過光強度です。この式の形は,pH の定義と同じと覚えておきましょう。

$$\mathrm{pH} = -\log_{10}[\mathrm{H}^+]$$

吸光度測定の手段として分光光度計が使用されますが,測定する光の波長帯により光源と検出器が異なり,次の方式があります。
・赤外分光光度計
・可視・紫外分光光度計

赤外分光光度計は主に物質の内部構造を,可視・紫外分光光度計は物質そのものを測定対象としています。

また,液体試料の場合(通常,可視・紫外分光光度計)には,次のランベル

Q7：分光分析法とは，どんな分析法なのですか？

ト・ベール（ランバート・ベーア）の法則が成り立ちます。

$$A = \varepsilon b C$$

ここに，b は試料相の厚さ［cm］，C は試料濃度［$mol \cdot L^{-1}$］，ε は比例定数［$mol^{-1} \cdot L \cdot cm^{-1}$］です。

原子吸光法

試料中の元素を熱などによって原子化し，原子蒸気に特有の波長の光を照射して吸光度を測定し，濃度を求めます。**フレーム法**と**フレームレス法**とがあります。フレームとは炎のことで，フレーム法では炎で原子化しますが，炎を使わないフレームレス法では電気加熱によって原子化します。

誘導結合プラズマ法（ICP）

高温のプラズマ（原子核と電子がバラバラになった物質）の中に試料を噴霧し，噴霧されて励起した原子が放射する電磁波を調べて濃度を分析する方法です。発光を測定する **ICP 発光分析法**とイオン化したものの質量分析を行う **ICP 質量分析法**とがあります。

喫茶室　プラズマとは…

プラズマとは，原子や分子から電子が離れて，イオンと電子が混在した状態のことです。気体でも液体でも固体でもないので，第4の状態という人もいます。

身近なプラズマとしては，蛍光灯があります。蛍光灯の中には，数百 Pa のアルゴンガスと，数 Pa の水銀蒸気が封入されています。両端のフィラメントから放出された電子が，水銀蒸気を励起してプラズマが発生します。このプラズマは，253.7 nm の輝線スペクトルを発生します。253.7 nm の光は紫外線で見えませんが，それが蛍光灯の管の周りに塗られている蛍光物質に当たって，可視光線が発生するのです。

他に，太陽もオーロラもプラズマです。最近ではプラズマテレビなども出てきましたね。

第2編　大気関係・水質関係の共通事項

Q8 機器分析に用いる機器や処理装置などには，見たこともないものが多く，イメージが持てないまま学習しています。何とかならないでしょうか？

A. イメージ作りが大変

　たしかに，公害防止管理者については，大気関係でも水質関係でも，各種の分析のための機器や，排ガスや排水の処理装置なども多岐にわたっていますので，初めて聞く名前も多くなっていますね。実際にかなり多くの方がもたれる悩みのようですが，見たこともないものの名前をいろいろ出されても，イメージ作りが大変ですね。

条件は同じ

　ただ，ほとんどの方が同様な悩みをもたれるということは，見方をかえれば，皆さんの条件は同じようなものだとも言えます。

テキストの図やイラストを最大限に利用

　通常，まずはテキストに載せられている図やイラストなどを参考にイメージを作っていっていただくことで，ある程度カバーしなければならないと思います。

インターネットを利用

　最近では，インターネットが威力を発揮することも多くなってきました。インターネットが使える環境にある方に限定されることにはなってしまいますが，インターネットには写真やイラストがかなり出ていますので，検索の仕方をいろいろと工夫する必要はおおいにありますが，多くの機器や装置について調べるには，それなりに役立つことが多いようです。

　それらを参照することで，初めて見る機器や装置であっても，それらがどう

Q8：見たこともない機器や処理装置のイメージをもつにはどうしたらいいですか？

いうところでどのように使われているのか，ということもわかってきます。工夫次第で，それらに関する知識や周辺情報もかなり豊富に得られることでしょう。

第2編 大気・水質関係共通

第2編　大気関係・水質関係の共通事項

> **Q9** いろいろな業種についての知識が出題されているようですが，自分の属している業種ならともかく，他の業種のことまで勉強しなければならないのですか？

A. 大規模大気特論と大規模水質特論

　平成18年度に公害防止管理者の国家試験制度が改訂された中で，新たに科目が新設されて，大気関係では「大規模大気特論」が，水質関係では「大規模水質特論」ができました。これらは，排ガスや排水を多く排出する代表的な産業において，それらに関する基本的な知識を問うものになっているようです。

それほど心配しなくてもいいようです

　たしかに，自分の関係したこともない業種について聞かれても普通は困りますね。試験制度を科目合格制にする際に，多少無理やり用意された科目のような気もしないでもありませんが，しかし，それほど心配されることはありません。多くの業種に関する詳細な知識まで要求されているわけではありません。日本を代表する数種の製造業種において，その骨組みとしてのプロセスと，大気関係であれば排ガスの種類と主な処理方法，水質関係であれば水の使い方と排水の主な処理方法について基本的な知識を問う問題が出題されています。

出題されている業種

　出題されている業種には，次のようなものがあります。これらについて，その基本的なものを押さえておかれれば大丈夫です。

［大気関係］
・石油精製工業（製油所）
・発電施設（発電所）
・セメント工業
・ごみ焼却施設

Q9：他の業種のことまで勉強しなければならないのですか？

・鉄鋼業（製鉄所）

第2編 大気・水質関係共通

[水質関係]
・鉄鋼業（製鉄所）
・石油精製工業（製油所）
・紙パルプ工業
・食品工業

第2編　大気関係・水質関係の共通事項

Q 10　レイノルズ数って，どのような数字なのですか？

A. レイノルズ数とは？

レイノルズ数とは Re と書かれる数で，流体（液体や気体）の流れの状態を表す無次元数です。無次元数というのは文字通り，次元のない数，単位のない数字で，レイノルズ数の定義は，流体の流れにおける慣性力を粘性力で割ったものです。力を力で割っていますので，単位がなくなっていることは当然ですね。

1）乱　流

レイノルズ数が大きい時は，慣性力，つまり一旦流れはじめたらなかなか流れが止まらないという勢いが強いので，水などのようにサラサラと流れる性質となります。このような流れを乱流と呼んでいます。流体の分子が先を争って，追い越し追い越されながら流れていきます。

2）層　流

これに対して，粘性力，つまり粘っこい性質，隣の分子も一緒に連れていこうという性質が強くなると，蜂蜜や水あめのようなドロっとした流れになります。このような流れが層流です。流体の分子が追い越しもせずに整然と並んで流れる状態となります。

以上をまとめますと，次のようになります。

表2-1　レイノルズ数と流れの状態

レイノルズ数の範囲	流れの状態
およそ2,000より大きい領域	乱流域
およそ4より大きくて2,000より小さい領域	遷移域（中間域）
およそ4より小さい領域	層流域

Q10：レイノルズ数って，どのような数字なのですか？

レイノルズ数はどういうときに使われるの？

　流体の流れの状態が関係する多くの分野で使われますが，公害防止管理者の関係では，主に次のような分野で出てきますね。

1) 水質関係
① 汚水処理特論
　粒子の沈降分離の際に，粒子が沈む時に周りの水は粒子に対しては相対的に上昇流として流れますので，その流れに影響されて粒子が沈む速度と粒子径の関係がレイノルズ数によって変わってきます。

② 大規模水質特論
　実際の大きな地形における水の挙動，例えば，川の流れや港湾への海水の進入挙動などを小模型（水理模型）でテストすることがあります。このような時に，地形とまったく同じ形で縮尺だけを小さくするテストでは実際の流れをなかなか再現できません。川幅10 mの河の流れを幅10 cmの模型でテストする時，川の流速も100分の1にするとおかしくなることは感覚的におわかりでしょうか。つまり，水の分子は100分の1になっていないので，そのようなことではテストにはならないのです。そんな時，レイノルズ数を揃えることで完全にとはいきませんが，かなり実際の現象を再現しやすくなります。

2) 大気関係
① 大規模大気特論
　大規模水質特論の場合とほぼ同様で，実際の大きな地形における風の流れの挙動を小さな模型（流体実験モデル）でテストする場合などで同じようなことがあります。やはり地形とまったく同じ形で縮尺だけを小さくするテストでは実際の風の流れを十分に再現できません。地形を100分の1にしてテストをする時，空気の分子（具体的には，酸素分子や窒素分子）は100分の1になっていないので，風速を100分の1にしてもテストになりません。やはり，レイノルズ数を揃えることでかなり実際の現象を再現しやすくなります。

レイノルズ数の計算式

レイノルズ数 Re は問題の条件によって，異なった式で計算されます。

① 流れの代表サイズ（粒子径，あるいは流路の幅）を d，代表流速を u，水の密度を ρ，粘度を η とする場合には，

$$Re = \frac{\rho u d}{\eta}$$

② 代表サイズを L，代表流速を u，拡散係数を D とする場合には，

$$Re = \frac{Lu}{D}$$

【問題1】 水中を直径 1 mm の粒子が，終端沈降速度 1 cm/min で沈降している場合の，流れの状態が層流であるか乱流であるかを判定したい。この場合のレイノルズ数は，およそどの程度となるか。ただし，水の密度を 1 g/cm³，その粘度を 0.01 g/(cm・s) とする。

1. 2,000   2. 200   3. 20
4. 2   5. 0.2

解説

用いるべき式は次の式です。ここで，ρ は液の密度，μ は液の粘度，u は流速，d は粒径（時には流路の幅など）です。

$$Re = \frac{\rho u d}{\mu}$$

与えられた条件から，$\rho = 1$ g/cm³，$\mu = 0.01$ g/(cm・s)，$u = 1$ cm/min，$d = 1$ mm $= 0.1$ cm ですので，次のようになります。min は分です。

$$Re = \frac{1 \text{ g/cm}^3 \times 1 \text{ cm/min} \times 0.1 \text{ cm}}{60 \text{ s/min} \times 0.01 \text{ g/(cm・s)}} = 0.17 \fallingdotseq 0.2$$

ということで，レイノルズ数の値は層流であることを示しています。粒子が沈降する場合は，ごく初期は加速度がついた沈降をしますが，液体などの流れ抵抗がある場合はすぐに一定速度での沈降となります。この速度を終端沈降速度あるいは終末沈降速度などといいます。ここでの流れとは，沈降する粒子から見て，水が上方へ流れているとみるのです。

正解　5

Q10：レイノルズ数って，どのような数字なのですか？

【問題2】 実際の大きさよりも小さい模型を縮率模型というが，相似法則に基づく風洞実験の縮率模型において，正しい数式はどれか。ただし，L は代表長さ，u は代表風速，K は代表拡散係数とし，また添え字は，mを模型，pを実物とする。

1． $\dfrac{L_m K_m}{u_m} = \dfrac{L_p K_p}{u_p}$　　2． $\dfrac{L_m u_m}{K_m} = \dfrac{L_p u_p}{K_p}$　　3． $\dfrac{u_m}{L_m K_m} = \dfrac{u_p}{L_p K_p}$

4． $L_m K_m u_m = L_p K_p u_p$　　5． $\dfrac{u_m}{L_m + K_m} = \dfrac{u_p}{L_p + K_p}$

解説

相似法則に基づく縮率模型においては，レイノルズ数を合わせます。レイノルズ数は，長さ，風速，拡散係数で決まる場合には，次式で計算されます。

$$\text{レイノルズ数} = \frac{\text{長さ} \times \text{風速}}{\text{拡散係数}}$$

基本単位で表しますと，長さは［m］，風速は［m/s］，拡散係数は［m²/s］ですので，無次元数になっていますね。したがって，肢2が正しい数式となります。

正解　2

第2編　大気関係・水質関係の共通事項

Q11 練習のために，化学の基礎になる問題を少し出して下さい。

A. では，少し肩慣らしに基礎の問題中心に練習をしてみて下さい。これらの問題に慣れていない方は少し取っ付きにくいと思いますが，すぐにできなくてもいいのです。少しずつ少しずつ，だんだんと慣れていって下さい。

【問題1】　次に示す化学記号の中で，金属に属するものはどれか。
1．P　　　2．Se　　　3．Ar
4．Ne　　5．Pb

解説
肢1のPはりんで，窒素と周期律表で同じ縦の列の元素，肢2のSeはセレンで，酸素と同じ列の元素ですね。また，肢3のArはアルゴン，肢4のNeはネオンで，周期律表の一番右側に位置する希ガスと呼ばれる仲間ですね。
肢5のPbは鉛のことで，これは金属に属します。

正解　5

【問題2】　水素イオン濃度［H^+］からpHを求める式はどれか。
1．$pH = -\log_2[H^+]$　　　　2．$pH = \log_2[H^+]$
3．$pH = \log_{10}[H^+]$　　　　4．$pH = -\log_{10}[H^+]$
5．$pH = -\log_{10}\dfrac{1}{[H^+]}$

解説
肢1と肢2は自然対数が用いられていますが，pHは常用対数で定義されます。
肢3と肢5は結局同じ式ですね。

$$\log\frac{1}{A} = \log A^{-1} = -\log A$$

となります。正解は肢4ですね。pHの定義は，水素イオン濃度の常用対数（底

Q 11：練習のために，化学の基礎になる問題を少し出して下さい。

が 10 の対数) にマイナスを付けたものとなります。

正解　4

【問題 3】　物質の 3 態とは，気体，固体，液体のことをいうが，物質がある態から別の態に変化することを相変化という。では相変化に属する次の用語のうち，逆の方向の変化も含めて同じ用語が用いられるものはどれか。
1．凝縮　　2．蒸発　　3．融解　　4．昇華　　5．凝固

💡 解説

それぞれを整理してみると，次の図のようになります。

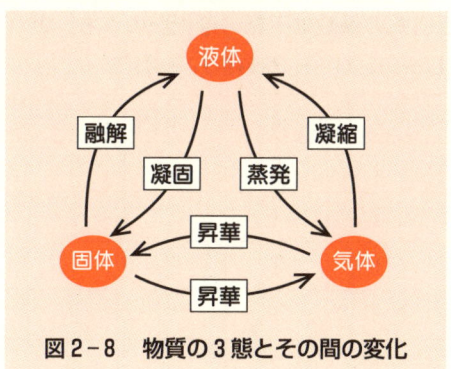

図 2-8　物質の 3 態とその間の変化

これによれば，肢 4 の昇華が双方向ともに同じ用語が用いられていますね。

正解　4

【問題 4】　質量が w の理想気体の圧力を P，分子量を M，体積を V，絶対温度を T とすると，気体定数 R を用いてこの気体の状態方程式はどのように書かれるか。正しいものを選べ。

1．$PV = \dfrac{M}{w}RT$　　　　2．$PT = \dfrac{M}{w}RV$

3．$PV = \dfrac{w}{M}RT$　　　　4．$PT = \dfrac{w}{M}RV$

5．$PR = \dfrac{M}{w}TV$

第2編 大気関係・水質関係の共通事項

💡解説

似たような式が並んでいますが，おわかりになりますでしょうか。モル数を n として，

$$PV = nRT$$

のように覚えておられる方も多いでしょう。いずれにしても，PV や RT がエネルギーに相当する量であることがわかれば肢3が選ばれます。w/M がモル数であることは，通常は単位を付けない分子量もあえて付ければ[g/mol]（正式にはモル質量）となることからもわかります。

正解　3

【問題5】 次の反応式の係数は下記の選択肢のうち，どれが正しいか。

$$a\text{SO}_2 + b\text{Cl}_2 + c\text{H}_2\text{O} \rightarrow d\text{H}_2\text{SO}_4 + e\text{HCl}$$

選択肢	a	b	c	d	e
1	1	2	1	2	1
2	2	1	2	1	2
3	1	1	2	1	2
4	2	1	1	2	1
5	1	2	1	1	2

💡解説

試験の際には，左辺と右辺のそれぞれの原子の数が一致しているかどうかを調べれば答えが出ますが，学習のために係数を求める方法を以下に示します。与えられた式の係数 $a \sim e$ を未知数として，方程式を立てます。方程式は，それぞれの元素について，左右の辺で合計量が等しいと置きます。

S： $a = d$ ……①
O： $2a + c = 4d$ ……②
Cl： $2b = e$ ……③
H： $2c = 2d + e$ ……④

これで，変数（未知数）が5つと式が4つですから，式が一つ不足のように見えますが（つまり，このままでは解けませんが），$a \sim e$ の比率がわかればよいので，$a = 1$ と置いて他の変数を求めます。

①式より，$d = 1$

Q 11：練習のために，化学の基礎になる問題を少し出して下さい。

②式より，$c = 2$
④式より，$e = 2$
③式より，$b = 1$
となります。以上により，

$$SO_2 + Cl_2 + 2H_2O \rightarrow H_2SO_4 + 2HCl$$

では，次のそれぞれの反応においても練習してみて下さい。p 128 にも化学反応式の係数について解説があります。

① $aCH_3COOH + bO_2 \rightarrow cCO_2 + dH_2O$
② $aNO_2 + bNH_3 \rightarrow cN_2 + dH_2O$
③ $aCu + bHNO_3 \rightarrow cCu(HNO_3)_2 + dH_2O + eNO_2$

【正解】
① $a = 1，b = 2，c = 2，d = 2$
② $a = 6，b = 8，c = 7，d = 12$
③ $a = 1，b = 4，c = 1，d = 2，e = 2$

正解　3

【問題6】　次のそれぞれの記述の中で，誤っているものを選べ。ただし，原子量は，H＝1.0，C＝12.0，O＝16.0，Na＝23.0，Cl＝35.5，K＝39.1であるとする。

1．A［g］の酸素に含まれる酸素分子は，$\dfrac{A}{32.0}$［mol］である。

2．B［mol］の水に含まれる水素原子は，$B \times 2.0$［g］である。

3．C［mol/L］の塩化カリウム水溶液 D［mL］の中に塩化カリウムの純分は $\dfrac{35.5 + 39.1}{10^3} CD$［g］入っている。

4．酢酸 E［g］が完全に酸化されて生じる二酸化炭素は最大 $\dfrac{2 \times 44.0}{60.0} E$［g］である。

5．F［mol］の塩化ナトリウムは，$(23.0 + 35.5) \times 2F$［g］である。

解説

基礎的な化学計算の問題です。復習あるいは練習のつもりで解いてみて下さい。はじめは難しいと思いますが，モルの計算にも「だんだんと」でいいですから，慣れておいて下さい。モルの計算については，p 124 で解説していますので参照して下さい。H＝1.0 などの書き方は，水素の重さ(質量数，原子量)

が1.0であることを意味しています。

　肢1は，O＝16.0と与えられていますので，分子量はO₂＝32.0ですから，A〔g〕をもとに順次単位を付けて計算していきます。分子量は単位を付けずに扱いますが，計算上は〔g/mol〕という単位があると考えた方がわかりやすいです。この単位が付く場合，正式には「モル質量」と言いますが，分子量と同じ数値です。

$$\frac{A[\mathrm{g}]}{32.0[\mathrm{g/mol}]} = \frac{A}{32}[\mathrm{mol}]$$

　肢2は，水がH₂Oですから，モル質量（分子量）として18.0〔g/mol〕です。このうち，水素原子だけを求めますので，まずは，B〔mol〕を重さに直した後で，H₂＝2.0〔g/mol〕を使って，

$$B[\mathrm{mol}] \times 18.0[\mathrm{g/mol}] \times \frac{2.0\ [\mathrm{g/mol}]}{18.0\ [\mathrm{g/mol}]} = 2.0\,B$$

　肢3の計算は，

$$C[\mathrm{mol/L}] \times \frac{D}{10^3}[\mathrm{L}] \times (35.5 + 39.1) = \frac{35.5 + 39.1}{10^3} CD[\mathrm{g}]$$

　肢4において，酢酸が完全酸化される反応式は，

　　　CH₃COOH ＋ 3 O₂ → 2 CO₂ ＋ 2 H₂O

従って，酢酸1モルから最大で二酸化炭素が2モル生じます。

分子量としてCH₃COOH＝60.0，CO₂＝44.0ですから，

$$E[\mathrm{g}] \times \frac{2\ [\mathrm{mol/mol}]}{60.0[\mathrm{g/mol}]} \times 44.0[\mathrm{g/mol}] = \frac{2 \times 44.0}{60.0} E[\mathrm{g}]$$

　肢5では，NaCl＝23.0＋35.5〔g/mol〕ですから，F〔mol〕×（23.0＋35.5）〔g/mol〕で，（23.0＋35.5）F〔g〕となります。×2は不要です。

正解　5

Q11：練習のために，化学の基礎になる問題を少し出して下さい。

公害防止管理者の試験の計算問題として，以上のような計算に慣れておいて下さい。以下に似たような問題を並べますので，練習してみて下さい（穴埋め問題です）。なお，原子量は【問題6】と同様とします。

【例題】
① モル濃度 G [mol/L]の塩化ナトリウム水溶液の重量濃度は（　　　）[g/L] である。
② H [mg] の水酸化ナトリウムは（　　　）[mol] である。
③ モル濃度 I [mol/L]の水溶液 100 mL を 10 倍に薄めるために必要な水の量は（　　　）[mL] である。
④ モル濃度 J [mol/L]の濃度の塩酸 K [mL]をちょうど中和するために必要な水酸化ナトリウムの量は（　　　）[g] である。
⑤ ふっ化水素の濃度が M [ppm]である排ガス N [m³/h]を完全に中和回収するための P [mol/L]のアンモニア水は理論上（　　　）[L/h] である。

それぞれの解答を示しますので，ご確認下さい。

【解】
① $(23.0+35.5) G$ [g/L] $=58.5 G$ [g/L]
② $\dfrac{H \times 10^{-3}}{23.0+16.0+1.0}$ [mol] $=\dfrac{H}{40,000}$ [mol]
③ 100 mL×10−100 mL＝900 mL（1,000 mL は解ではありません。それでは最終的に11倍になってしまいます。念のため）
④ $\dfrac{23.0+16.0+1.0}{1,000} JK$ [g] $=0.04 JK$ [g]
⑤ 反応式は

　　HF + NH₄OH → NH₄F + H₂O

つまり，HF 1 モルと NH₄OH 1 モルの反応となりますので，

N [m³/h] $\times M \times 10^{-6} \times \dfrac{1}{22.4 \text{ m}^3/\text{kmol}} \times 10^3 \text{ mol/kmol} \times \dfrac{1}{P \text{ [mol/L]}}$

$=\dfrac{1}{22,400} NM$ [L/h]

第2編　大気・水質関係共通

第2編　大気関係・水質関係の共通事項

日本人の血

喫茶室

　人間が猿から人へと進化した舞台はアフリカであるとされていますが，猿から猿人へ，猿人から原人へ，原人から旧人へ，旧人から新人へとという進化の舞台もアフリカだったようです。その最後の新人が我々の直接の先祖とされていますが，彼らが大規模にアフリカを出て各地に渡ったのは，時期を違えて過去に3回あったそうで，出て行ったルートも異なっているということです。これを3度の出アフリカと言っています。

　近年の研究では，日本人は出アフリカの各グループの遺伝子が多様に集った世界でもまれな人種であることがわかったそうです。アフリカを出発してユーラシア大陸（ヨーロッパ，アジア）に向かって進めば，途中にとどまる場合は別として，いろんな経路を通ってもいつかは大陸の東側に到達し，大陸に隣接する島国の日本に到着することは自然とも思えますが，遺伝子の研究でそれが明らかになるというのもすごいことだと思います。

　多くの系統の血をもつからどうだという訳でもないのですが，日本人は多くの民族の混血でありながら，あたかも単一民族のように融合した人種と言えるかもしれません。外国の文化を要領よく取り入れて，しかも自前の文化に仕立て上げてしまうところなどは，多くの血が混ざっていることに加え，多くの文化を持ち込んだこととも関係するように思います。

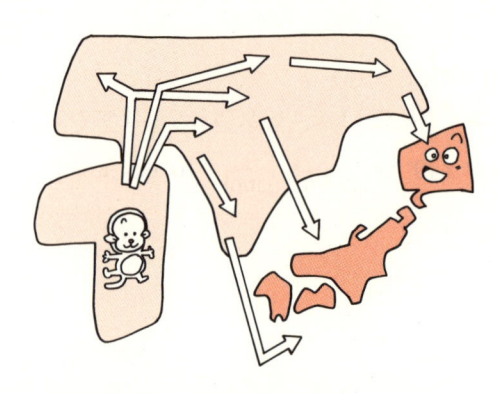

第3編
公害総論

どのような問題が出題されているのでしょう！

（出題問題数　15問）

1） ほぼ毎年出題されているものとして，次のような内容が挙げられます。
- 環境基本法　　　　2～3題
- 特定工場の法律　　　　　2題
- 大気汚染関係　　　1～2題
- 水質汚濁関係　　　　1～2題
- 騒音・振動関係　　　　1題
- 環境マネジメント関係　1～2題
- 地球環境問題　　　1～2題

2） 毎年ではなくても，それに準じて出題されているものとしては，次のようなものがあります。
- 条約や議定書関係
- 廃棄物関係
- 環境影響評価関係
- リスクマネジメント関係
- 浮遊粉じん関係

第3編　公害総論

Q1 公害とはどういうことを言うのですか？また，代表的な事例を教えて下さい。

A. いわゆる公害とは

公害とは，企業などが自然環境を汚すことによって，地域住民の安寧（あんねい）（平穏で無事なこと）や健康が妨げられることを言います。人間によって生じる社会的災害と言えます。

法律の定義は，「環境の保全上の支障のうち，事業活動その他の人の活動に伴って生ずる相当範囲にわたる大気の汚染，水質の汚濁，土壌の汚染，騒音，振動，地盤の沈下及び悪臭によって，人の健康又は生活環境に係る被害が生ずること」（環境基本法）となっています。従って，ここに挙げられている7つの公害（大気汚染・水質汚濁・土壌汚染・騒音・振動・地盤沈下・悪臭）を「典型七公害」と言っています。大気と土壌は汚染と言い，水質は汚濁と言っている点に留意して下さい。それほどこの差に神経質になることはありませんが，法律の名前を正しく把握していただければよいでしょう。「水質汚濁防止法」が正しい名称で，「水質汚染防止法」という法律はありません。

広い意味の公害とは

広い意味で公害という用語は，食品公害，薬品公害，交通公害，基地公害などを含める場合があります。以前，原子炉におけるトラブルが周辺の住民の生活を脅かしたこともあり，これは原子力公害とも言えるでしょう。また，一部の自治体では，煙草のポイ捨て等による廃棄物なども美観を損ねるとして，公害に含めることもあります。なお，働く環境における薬品等からの被害は労働災害と呼ばれ，通常の場合には公害とは呼ばれません。

日本および近隣諸国の現状

日本では，環境庁時代を含む環境省の取組みや公害等調整委員会などの行政機関の取組みにより，高度成長期の昭和40年代に表面化した四大公害病のような企業による大規模な公害が発生することは少なくなってきています。

Q1：公害とはどういうことを言うのですか？また，代表的な事例を教えて下さい。

一方，近年大きく工業化しつつある発展途上国（中国等）では，以前に日本で起きたような大規模公害が発生していて，社会問題となっています。

歴史的な公害事件

1）日本の主な公害事件

① **足尾鉱毒事件（足尾銅山鉱毒事件）**
栃木県および群馬県の渡良瀬川周辺で起きた足尾銅山の公害事件。明治時代後期に発生した日本の公害の原点と言えます。

② **四大公害病**

a）イタイイタイ病
岐阜県の神岡鉱山からの未処理廃水により発生した鉱害で，神通川下流域である富山県婦中町（現富山市）において，発生しました。

b）水俣病（熊本水俣病）
ある会社が海に流した水銀を含む廃液により引き起こされました。原因物質はメチル水銀などの有機水銀とされています。

c）第二水俣病（新潟水俣病）
新潟県の阿賀野川下流域で発生したもので，熊本県の水俣病と同様の症状が確認されています。

d）四日市ぜん息
かつて三重県四日市市で発生した大気汚染による集団喘息障害です。

③ **アスベスト健康被害**
2005年兵庫県尼崎市で過去に操業していた工場で，アスベストを使った生産が行われていた影響により，元従業員や工場周辺住民の健康被害が発覚。その後，日本全国でアスベスト公害問題が再燃しました。

2）世界の主な公害事件

① **ロンドン・スモッグ**：1952年ロンドンで発生し，一万人以上が死亡した史上最悪規模の大気汚染による公害事件です。スモッグ（スモーク＋フォッグ）という新語が生まれた契機になりました。

② **ロサンゼルス・スモッグ**：光化学スモッグとして世界最初の事例です。発生原因として，晴れの日が多く大気の入れ替わりが少ない地形であることなどが挙げられます。

第3編 公害総論

第3編　公害総論

Q2 環境基本法とはどういう法律なのですか？簡単に教えて下さい。

A. 法律の体系

　法律は，憲法を基本として，次の図のように5つの水準から構成される体系になっています。日本の全ての法律のもととなる憲法は言うまでもありませんが，各分野に憲法とも言うべき基本法があることが普通です。教育基本法などが有名ですね。環境分野では，環境基本法の下に循環型社会形成推進基本法があります。基本法の下にもう一つ基本法があるという二重構造になっている点で少し特殊ですが，その下に通常の法律がありその法律の実施のためのより細かな規定を設けるために，施行令および施行規則が用意されています。

　当然のことながら，日本の全ての法律は憲法に基づいて憲法と矛盾しないように作られなければなりませんし，また，ある分野の法律はその分野の基本法の精神と合致するものでなければなりません。

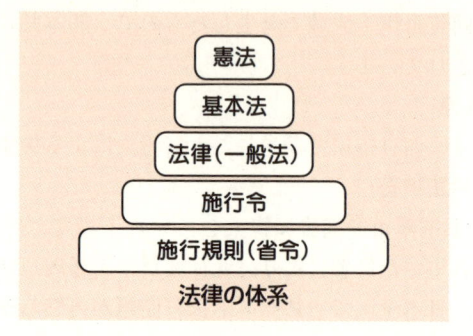

憲法
基本法
法律（一般法）
施行令
施行規則（省令）
法律の体系

環境基本法

　日本の環境関係全体についての基本理念を示した法律と言えます。この法律は，環境省の所管で1993年に制定されていて，国，地方自治体，事業者，国民の責務を明らかにするとともに，環境保全に関する施策の基本事項などが定められています。地球規模の環境問題に対応し，環境負荷の少ない持続的発展が可能な社会をつくること，国際協調による地球環境保全の積極的な推進などが基本理念としておかれていると言えるでしょう。

Q2：環境基本法とはどういう法律なのですか？簡単に教えて下さい。

どんな勉強をしたらいいの？

　環境基本法については，一般の法律と同様に，第1条の法の目的（現在および将来の国民の健康で文化的な生活の確保，人類の福祉に貢献）と，第2条の用語の定義（環境への負荷，地球環境保全，公害，生活環境）はきっちりと学習しましょう。一番出題されやすいところです。
　国，地方自治体，事業者，国民の責務を押さえておきたいですね。また，環境基準，典型七公害（大気汚染，水質汚濁，土壌汚染，騒音，振動，地盤沈下，悪臭）および環境審議会，公害対策会議などもその概要を把握しておきましょう。

第3編　公害総論

【問題】　典型七公害とは，大気汚染，水質汚濁，土壌の汚染，騒音，振動，地盤沈下，悪臭をいうものとされているが，これらのなかで，環境基本法において，国が環境基準を定めることとされていないものはどれか。
1．水質汚濁　　2．大気汚染　　3．振動
4．騒音　　　　5．土壌の汚染

解説

　環境基準は，人の健康を保護し，かつ，生活環境を保全するために，維持されることが望ましいとされる基準ですが，典型七公害とされるすべてに定めることとはなっていません。振動，悪臭および地盤沈下は環境基準を定めることとはされていません。

正解　3

ぼくらは環境基準の定められていない仲間だね

振動　地盤沈下　悪臭

第3編　公害総論

Q3 なぜ汚水や排出ガスを処理しなければならないのですか？それらが発生しないようにすればよいのではないですか？

A. おっしゃる通り，全ての工場などから汚水や排出ガスが発生しないようにできれば素晴らしいですね。公害のない社会になりますし，そのような社会になるようにしなければなりませんね。それはまさにその通りです。そういう社会を「完全循環型社会」というのでしょう。

　自然界では何も無駄なものがないという見方で考えますと，そのような完全循環型社会ができていると言ってもよいのかもしれませんね。何億年もかけて自然界ではそういう社会を作ってきたと言えるのかもしれません。

　しかしながら，人類の技術の現状は，汚水や排出ガスが発生しないようにして製品を作ることがまだできていないのです。たとえ，それらが発生しないようにできる業種や技術（ゼロ・エミッション技術）があったとしても，そのためにコストがかかります。また，コストをかけてそれを実現しても会社がつぶれてしまっては元も子もありませんので，現実にはできていないというのが現状です。

　従って，汚水や排出ガスの処理はまだまだ必要ですし，公害防止管理者における水質や大気の処理技術も必要なのです。そのような現在の処理技術は，汚水や排出ガスを外に出しても害のないレベルにすることを目的としていますが，ある意味では，これもやはり暫定的というか当面のことであって，将来は「外に出しても害のないレベル」ではなくて，他の工場の原料として使えるようにすることが本来の「完全循環型社会」であろうと思います。

　そのような「完全循環型社会」を実現するための技術も，現在の処理技術の延長上にある技術と言えますので，まずは現在の処理技術をもとにして，それを進化させる形で「完全循環型社会」を実現するための技術を作り上げていきたいものです。

　そういう意味も込めて，現在の処理技術を皆さんにも学習していただきたいものと思います。

Q3：汚水や排ガスが発生しないようにすれば，処理しなくてもよいのでは？

【問題】　コンビナートを形成する工場群において，完全な循環型社会（ゼロ・エミッション社会）に到達した際には，工場に出入り（はい）するものとして存在しないものは次のうちどれか。

1．原料　　　2．製品　　　3．用役
4．廃棄物　　5．中間製品

解説

　肢4の廃棄物は，完全な循環型社会（ゼロ・エミッション社会）においてあっては困りますね。工場から出る副生物も必ず，肢5の中間製品として自社かあるいは別の工場の原料として使われなければなりませんね。

正解　4

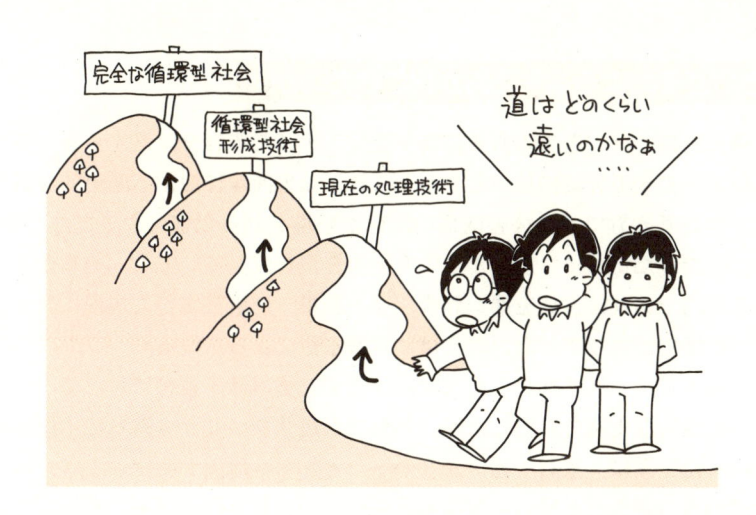

第3編　公害総論

Q4 無過失賠償責任とは，過失がないのに賠償するというものですか？なぜこういう決まりがあるのですか？

A. 無過失賠償責任とは何か？

　無過失賠償責任とは，故意や過失がなくても賠償（慰謝料を合わせて損害を償（つぐな）うこと）をしなければならないという責任のことです。通常であれば，法律に違反した場合（故意や過失があった場合）に罰を受けたり，発生した損害を賠償したりしますね。

どうしてそのような考え方が出てきたのか？

　無過失賠償とは，過失の有無に関係なく，生じた損害を賠償するということで，何かとても不思議に思いますが，これは公害問題に関する歴史的な事情から出てきた考え方です。公害関係の法律が整備される以前において，（当時は甘い法律だったために）工場からの有害物を垂れ流していても，それが甘い基準の範囲内であれば責任を問われず，その結果，健康被害が大規模に発生してしまった歴史がありました。例えば，有機水銀による水俣病や，カドミウム汚染によるイタイイタイ病などが挙げられます。その健康被害に対して，国もかなりの財政的な支援をしましたが，それでも足りないこともあって，原因排水を排出した企業に，故意・過失がなかったとしても原因が明確になった場合には，原因者の責任として（公害病の発生からかなり年月が経過してからではありましたが），賠償責任があるという考えが法律的に認められたのでした。

Q4：無過失なのに賠償するという無過失賠償責任なんて，どうしてあるのですか？

【問題】 過失がなくても賠償をしなければならないという責任のことを法律的に何と呼んでいるか。
1．無罪弁償責任
2．無罪賠償責任
3．無過失弁償責任
4．無過失弁証責任
5．無過失賠償責任

解説

　弁償と賠償は，損害を償うという意味で，基本的に似た意味の用語ですが，慰謝料を含めた弁償行為のことを賠償ということになっています。従って，ここでは弁償ではなくて賠償でなければなりません。なお，弁証は（弁証法理論などで用いられる）まったく別の言葉ですね。

　無罪と無過失とは，これらも似ているようですが，よく考えると異なることがおわかりと思います。無過失とは過ちがあったかなかったかという時に用いられることで，無罪とは裁判などで最終的な判断として用いられるものですね。

正解　5

第3編　公害総論

Q5 リサイクルに関する法律にはどのようなものがあるのですか？教えて下さい。

A. 最近では，かなりリサイクルに関する法律が整備されています。以下にまとめますので，ご覧下さい。タイトルは略称，通称であるものが多く，正式名称がどのようになっているかについても確認しておいて下さい。

循環型社会形成推進基本法

環境基本法の下のさらなる基本法で，循環型社会の姿を示し，国，地方公共団体，事業者および国民の役割を明確化した法律です。環境省の所管です。

食品リサイクル法

正式名称は，「食品循環資源の再生利用等の促進に関する法律」といいます。外食産業などの食品関連産業から排出される生ごみなどの廃棄物を，肥料や飼料に再資源化することが義務づけられています。

建設リサイクル法

国土交通省および環境大臣の所管する法律で，「建設工事に係る資材の再資源化等に関する法律」という名前になっています。コンクリート，アスファルト，木材などの特定資材を用いる建築物の，分別解体やリサイクルが義務づけられています。

グリーン購入法

正式名称は，「国等による環境物品等の調達の推進等に関する法律」です。国や地方公共団体が環境負荷の少ない製品の使用を推進するように定められた法律です。

Q5：リサイクルに関する法律にはどのようなものがあるのですか？教えて下さい。

資源有効利用推進法

「資源の有効な利用の促進に関する法律」という名称になっています。自動車，パソコンなどの14種類の製品について，使用済みの部品を再使用することや，余分な部品を使わないで設計することを義務づけています。パソコンについて，「パソコンリサイクル法」という人もいますが，パソコンは資源有効利用推進法の下部の法律である省令で規定されています。正しくは「パソコンリサイクル省令」です。

容器包装リサイクル法

「容器包装に係る分別収集及び再商品化の促進等に関する法律」が正式名称です。ペットボトル，プラスチック容器，紙製品などの容器包装の再商品化が，消費者と行政，メーカーに義務づけられています。

家電リサイクル法

正式には，「特定家庭用機器再商品化法」です。テレビ，エアコン，冷蔵庫，洗濯機の4品目を対象として，再商品化のための経費負担，分別排出と分別収集などについて，事業者，市町村，消費者の役割を明確化しています。

廃棄物処理法

「廃棄物の処理及び清掃に関する法律」で環境省の所管です。単に廃掃法とも略されます。廃棄物の排出抑制と処理の適正化によって，生活環境の保全と公衆衛生の向上を図ることを目的とした法律で，産業廃棄物の不適切な処理や不法投棄を行った場合，排出した企業にも罰則や原状回復を行う義務が生じます。

自動車リサイクル法

自動車メーカーをはじめとして，自動車のリサイクルに携わる関係者が適正な役割を担うことによって，使用済自動車の積極的なリサイクルや適正な処理

第3編 公害総論

を行うための法律です。正式名称は,「使用済自動車の再資源化等に関する法律」です。

【問題1】 循環型社会形成推進基本法に基づく多くのリサイクル法が制度化されているが,次のうち,実際に法律として存在しないものはどれか。
1. 食品リサイクル法
2. 建設リサイクル法
3. 容器包装リサイクル法
4. 自動車リサイクル法
5. 自転車リサイクル法

解説

似たような名前が並んでいますが,肢5の自転車については単独のリサイクル法は作られていません。もちろん,自転車もリサイクルは必要ですので,資材有効利用推進法の趣旨からリサイクルはされるべきですね。

正解 5

【問題2】 リサイクルに関する各種の法律が施行されている。その通称と正式名称の組合せを以下に示すが,そのうち誤っているものはどれか。
1. 食品リサイクル法(食品循環資源の再生利用等の促進に関する法律)
2. 建設リサイクル法(建設工事に係る資材の再資源化等に関する法律)
3. グリーン購入法(国等による環境物品等の調達の推進等に関する法律)
4. 家電リサイクル法(特定家庭用機器再商品化法)
5. パソコンリサイクル法(パーソナルコンピュータの再生利用等の促進に関する法律)

解説

肢5のパソコンリサイクル法は,正式な法律ではなくて,法律の中に含まれる省令で規定されています。その法律名は,通称「資源有効利用推進法」,正式な名称は,「資源の有効な利用の促進に関する法律」(経済産業省所管)となっています。

その他にも,多くのリサイクル関連法がありますので,確認しておいて下さい。

Q5：リサイクルに関する法律にはどのようなものがあるのですか？教えて下さい。

・資源有効利用推進法（資源の有効な利用の促進に関する法律）
・廃棄物処理法（廃棄物の処理及び清掃に関する法律）
・容器包装リサイクル法（容器包装に係る分別収集及び再商品化の促進等に関する法律）
・自動車リサイクル法（使用済自動車の再資源化等に関する法律）

正解　5

第3編　公害総論

第3編　公害総論

Q6 硫黄酸化物は，なぜ公害対策の優等生と言われるのですか？では，劣等生にはどんなものがあるのですか？

A. 日本は公害対策の優等生？

昭和30年代から40年代にかけて，日本の産業公害が日本列島を大きく揺さぶったことがあります。国をあげてその産業公害を見事に乗り切ったために，日本は「公害対策の優等生」と言われました。

国全体として見ますと，たしかにそのような言い方もできると思います。ただ，対策をとった全ての項目が「優等生」であったかというと，必ずしもそうとは言えないものもあります。

下図のような二酸化硫黄の測定値については昭和40年代以降，順調にその数値を下げてきました。これは優等生と言ってよいでしょう。硫黄酸化物は主に工場（固定発生源）で燃やされる重油などが原因でしたので，その対策を打つことで改善がはかられたと言えます。

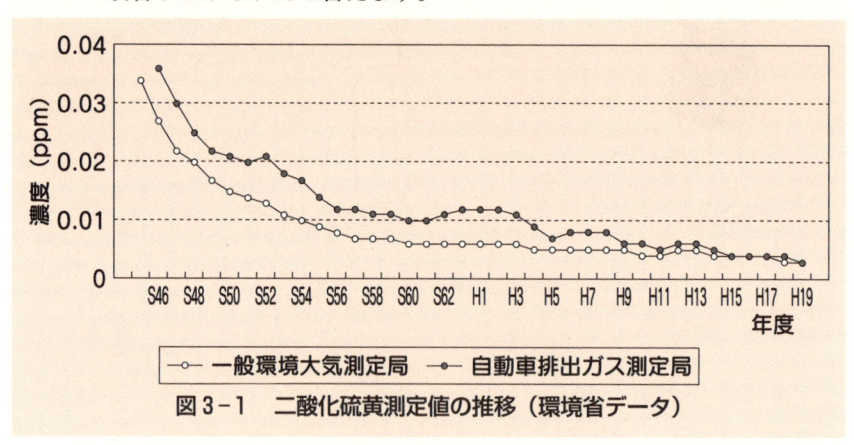

図3-1　二酸化硫黄測定値の推移（環境省データ）

しかしながら，次の図3-2で窒素酸化物（二酸化窒素）の測定値の推移を見ると，最初の数年は効果が認められますが，その後の改善はあまり見られないと言ってよいでしょう。これは，工場などの固定発生源での改善は硫黄酸化物と同様に進んだのですが，移動発生源である自動車の台数増加によって，排ガス規制を進めたものの，まだあまり大きな改善には至っていないことが原因

Q6：硫黄酸化物は、なぜ公害対策の優等生と言われるのですか？

と言えるでしょう。

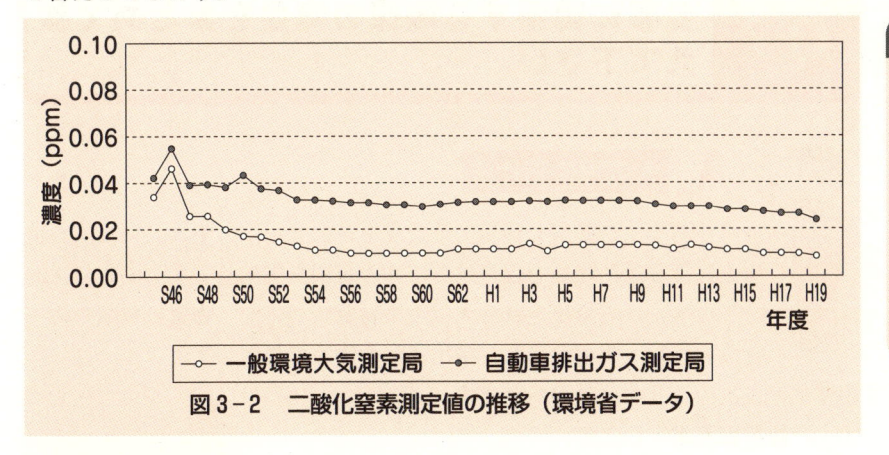

図3-2　二酸化窒素測定値の推移（環境省データ）

凡例：一般環境大気測定局、自動車排出ガス測定局

優等生と劣等生

　劣等生というとやや語弊がありますが、公害対策が進んだものとそうでないものをまとめて示しますと、次の表のようになります。

	公害対策が進んだもの	公害対策があまり進んでいないもの
大気関係	硫黄酸化物、一酸化炭素、非メタン炭化水素	窒素酸化物、浮遊粒子状物質
水質関係	有機物（BODやCOD）	窒素、りん

（注）非メタン炭化水素は、空気中のオゾンと反応して、強い酸化性物質（光化学オキシダント）を生むもので、これが光化学スモッグの主因とされています。

日本はトータルで見ると公害対策の先進国と言えるんだね

公害対策

Q7 公害に関係する法律の概要をまとめて教えて下さい。

A. 大気汚染防止法

環境基本法に基づく環境基準達成を目的とし，大気について人の健康を保護し生活環境を保全するための規制を実施します。固定発生源（工場等）から排出される大気汚染物質について，物質の種類や排出施設の種類・規模に応じて排出基準を決めて規制します。ばい煙の排出基準には次のような区分があります。

① 一般排出基準
ばい煙発生施設ごとに国が定める基準です。
② 特別排出基準
深刻な汚染地域で，新設ばい煙発生施設に適用されるきびしい基準です。
③ 上乗せ排出基準
①や②では不十分な場合に，都道府県知事が条例で定めるきびしい基準です。
④ 総量規制基準
①〜③で環境基準達成が困難な地域での大規模工場ごとの排出基準です。

水質汚濁防止法

大気汚染防止法と同様，環境基準の達成を目的とし，水質に関する人の健康を保護し生活環境を保全するための法律です。やはり「上乗せ排出基準」も水質総量規制もあります。環境基準には，① 人の健康の保護に関する環境基準と，② 生活環境の保全に関する環境基準とがあります。

土壌汚染対策法

各種の有害物質による重大で深刻な土壌汚染の事例が増え，土壌汚染による健康影響への懸念や対策の確立に対する社会的要請が強まっていますので，国民の安全と安心の確保を図るために，土壌汚染の状況の把握，土壌汚染による人の健康被害の防止に関する措置等の土壌汚染対策を実施することを内容とす

Q7：公害に関係する法律の概要をまとめて教えて下さい。

る「土壌汚染対策法」が作られています。

騒音規制法・振動規制法

　騒音および振動は，人の感覚による個人差もありますが，典型公害の中に入れられています。騒音と振動で規制の形式もほぼ同様です。ただ，騒音については環境基準がありますが，振動については環境基準はありません。
　騒音および振動を防止することにより生活環境を保全すべき地域を，都道府県知事が指定し，地域内の工場・事業場および建設作業場の騒音・振動が規制されています。施設や工事の届出は市町村長に提出します。

悪臭防止法

　悪臭も，騒音・振動と同様に人の感覚により個人差のある公害です。法の目的は，工場・事業場における事業活動に伴って発生する悪臭について必要な規制を行い，生活環境を保全して国民の健康保護に資することとされます。
　特定悪臭物質として，アンモニア，メチルメルカプタン，硫化水素，吉草酸などの22物質が指定されています。悪臭原因物質とは，特定悪臭物質を含む気体・水ならびにその他の悪臭の原因となる気体・水を言います。事業場は，その規模を問わず対象となります。ただし，移動発生源および建設工事などの一時的なものは規制対象外となります。
　単一物質の濃度のみでは規制困難な悪臭に対して，嗅覚測定法に基づき人の嗅覚を利用して求められる「臭気指数」が導入され，臭気判定士の制度も始まっています。

第3編　公害総論

第3編　公害総論

Q8 公害防止管理者に関する法律と公害防止管理者について教えて下さい。

A. 法律の名称

公害防止管理者に関する法律は，正式には，「特定工場における公害防止組織の整備に関する法律」といいます。これからわかりますように，公害防止管理者を含む工場の公害防止組織についての法律です。

法律の目的

第1条にこの法律の目的が定められています。すなわち，「この法律は，公害防止統括者等の制度を設けることにより，特定工場における公害防止組織の整備を図り，もって公害の防止に資することを目的とする。」となっています。

用語の定義

恒例によって，第2条がこの法律で扱う重要用語の説明になっています。以下，それを整理してみますと，

特定工場とは，製造業その他の政令で定める業種に属する事業の用に供する工場のうち，次のリストに挙げるものとされています。

a) ばい煙発生施設　　　b) 汚水等排出施設
c) 騒音発生施設　　　　d) 一般粉じん発生施設
e) 特定粉じん発生施設（いわゆるアスベストの発生施設です）
f) 振動発生施設　　　　g) ダイオキシン類発生施設

公害防止組織

右図のようになっています。公害防止主任管理者は規模が小さければ不要です。

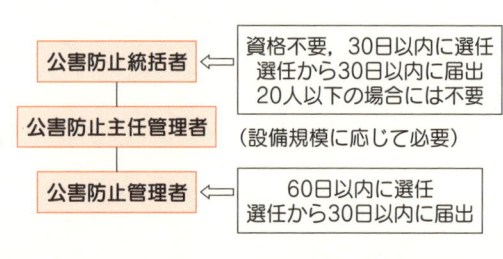

公害防止統括者 ← 資格不要，30日以内に選任
選任から30日以内に届出
20人以下の場合には不要

公害防止主任管理者 （設備規模に応じて必要）

公害防止管理者 ← 60日以内に選任
選任から30日以内に届出

Q8：公害防止管理者に関する法律と公害防止管理者について教えて下さい。

公害防止管理者の資格の種類

公害関係設備の区分と，対応する公害防止管理者の種類は次表の通りです。

表3-1　公害関係設備の区分と対応する公害防止管理者の区分

公害関係設備の区分	公害防止管理者の区分
大気関係	大気関係第1種公害防止管理者
	大気関係第2種公害防止管理者
	大気関係第3種公害防止管理者
	大気関係第4種公害防止管理者
水質関係	水質関係第1種公害防止管理者
	水質関係第2種公害防止管理者
	水質関係第3種公害防止管理者
	水質関係第4種公害防止管理者
騒音・振動関係	騒音・振動関係公害防止管理者
特定粉じん関係	特定粉じん関係公害防止管理者
一般粉じん関係	一般粉じん関係公害防止管理者
ダイオキシン類関係	ダイオキシン類関係公害防止管理者

大気関係と水質関係では，設備規模と性格に応じた公害防止管理者の区分が定められています。

表3-2　大気関係設備と対応する公害防止管理者の区分

排ガス量		有害物質の排出	
		あり	なし
時間当たり40,000 m^3_N 以上（主任管理者要）		第1種	第3種
時間当たり40,000 m^3_N 未満	時間当たり10,000 m^3_N 以上	第2種	第4種
	時間当たり10,000 m^3_N 未満		選任不要

表3-3　水質関係設備と対応する公害防止管理者の区分

排水量		有害物質の排出	
		あり	なし
1日当たり10,000 m^3 以上（主任管理者要）		第1種	第3種
1日当たり10,000 m^3 未満	1日当たり1,000 m^3 以上	第2種	第4種
	1日当たり1,000 m^3 未満		選任不要

第3編　公害総論

Q9　pHとは何ですか？環境問題の中でどういう意味を持つのですか？

A. 酸とアルカリ

酸はすっぱく，アルカリは皮膚などに付くとやられてしまいますね。どちらも身体にやさしくないものですが，その強さはpHで表されます。

pHは，ドイツ語読みで「ペーハー」，英語読みでは「ピーエイチ」です。最近では，英語読みが増えているようです。日本語で言うと，**水素イオン濃度指数**です。つまり，水素イオンH^+の濃度指標のことです。水の分子はH_2Oと書かれますね。そのH_2Oの中でほんの少しですがH^+とOH^-に分かれているものがあります。それらの濃度をモル濃度[mol/L]で表してそれらを掛け算したものは，常に10^{-14}[mol²/L²]になるという性質があります。これを**水のイオン積**と言っています。つまり，

$$[H^+][OH^-] = 10^{-14}$$

ここで，[　]というカッコはモル濃度で示している，という記号です。

この$[H^+]$の常用対数（10を底とする対数，いわゆる普通の対数です）をとってマイナスを付けたものがpHです。

$$pH = -\log[H^+]$$

同じように，pOHを使うこともあります。

$$pOH = -\log[OH^-]$$

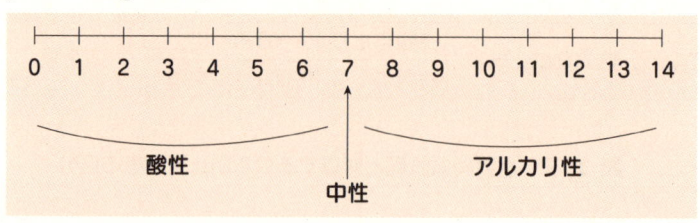

```
 0  1  2  3  4  5  6  7  8  9 10 11 12 13 14
            酸性        ↑       アルカリ性
                       中性
```

$[H^+]$と$[OH^-]$が等しい時，つまり，$[H^+] = [OH^-] = 10^{-7}$の時が中性です。pH<7が酸性，pH>7がアルカリ性で，7に近いほど酸性もアルカリ性も弱くて身体にやさしいですが，7から離れるほど強くなります。

酸性のものは，はじめに述べましたように，なめると梅干のようにすっぱい

Q9：pHとは何ですか？環境問題の中でどういう意味を持つのですか？

です。ただし，梅干そのものは酸性ですが，梅干は食品としては「アルカリ性食品」とされています。不思議ですね。その理由は，食品としての酸性・アルカリ性は，体内で消化分解された後に残る状態が酸性であるかアルカリ性であるかで決められますので，有機酸が体内で分解された後に（微量なのでほとんど問題になりませんが）アルカリ性の水酸化ナトリウムが残るためです。

公害問題とpH

ご存知のように，中性付近は生物にやさしい条件ですが，酸性が強くなってもアルカリ性が強くなっても，生物には有害ですね。国のpHの環境基準も河川・湖沼で，6.0あるいは6.5から8.5の間とされていますし，海域でも，7.0あるいは7.8から8.3の間とされています。

工場からの排水基準でも，当然のことながら，pHが規定されています。

地球環境問題とpH

地球環境問題の一つである酸性雨も，次表のような排ガス中の成分が原因です。

排出源	排ガス中の酸性雨の原因物質
工場	NOx, SOx
自動車	NOx

NOxが雨などの水分に溶けると硝酸（HNO_3）や亜硝酸（HNO_2）などになり，SOxが水分に溶けると硫酸（H_2SO_4）や亜硫酸（H_2SO_3）などになって雨を酸性にし，川や湖も酸性にしてしまいます。その結果，森が枯れたり魚がすめなくなったりしてしまいます。日本では，石灰石などのアルカリ性の岩石が多く，また工場などの対策もかなり進んでいますので，酸性雨の深刻な被害はほとんど報告されていませんが，ヨーロッパなどでは以前からかなり発生していましたし，今後は中国などから出される排ガスで，日本を含むアジアの酸性雨が問題になる可能性が高いと言われています。

> pHが1だけ違う時水素イオン濃度は10倍違うんだ
>
> だから とくに強い酸や強いアルカリの場合はpHが1違っても 結構 影響が大きいんだ

第3編 公害総論

第3編　公害総論

Q 10　環境問題に関係する国際条約や議定書もかなりあるようですが，まとめて教えて下さい。

A. そうですね。いくつかの重要な条約がありますので，まとめて簡単に説明します。次のようなものがありますので，おおよそどのような内容のものかを確認しておいて下さい。

ラムサール条約 （1971年，イランのラムサール）

正式名称は「特に水鳥の生息地として国際的に重要な湿地に関する条約」で，国境を越えて移動する水鳥の生息地として重要な湿地を，そしてそこに生息・生育する動植物を指定し，国際的に保全を進めようとするものです。

ワシントン条約 （1973年，アメリカのワシントン）

正式名称は「絶滅のおそれのある野生動植物の種の国際取引に関する条約」です。国際協力のもとに一定の野生動植物の輸入を規制することにより，採取・捕獲等を抑制して絶滅のおそれのある種を保護することを目的としています。

ウィーン条約 （1985年，オーストリアのウィーン）

正式には「オゾン層保護のためのウィーン条約」といいます。国際的に協調してオゾン層やオゾン層を破壊する物質について研究を進めること，各国がオゾン層の保護のために適切と考える対策を行うこと等を定めています。

モントリオール議定書 （1987年，カナダのモントリオール）

オゾン層の保護対策として，フロンを規制するための「オゾン層保護のためのウィーン条約」に基づいて採択された議定書です。

Q10：環境問題に関係する国際条約や議定書も多いようですが，教えて下さい。

バーゼル条約 （1989年，スイスのバーゼル）

有害廃棄物の国境を越える移動及びその処分の規制に関する条約です。

生物多様性条約 （1992年，ケニアのナイロビ等）

正式名称は「生物の多様性に関する条約」で，次のような目的を有します。
① 生物の多様性の保全
② その構成要素の持続的利用
③ 遺伝資源の利用から得られる利益の公正で公平な配分

気候変動枠組条約 （1992年，アメリカのニューヨーク）

当面は先進国が二酸化炭素などの温室効果ガスの排出を以前の水準にまで戻すことを重要と考えて，対応処置を講ずることを織り込んだ条約のことです。

リオ宣言 （1992年，ブラジルのリオ・デ・ジャネイロでの地球サミット）

正式には「環境と開発に関するリオ・デ・ジャネイロ宣言」です。各国は国連憲章などの原則にのっとり，自らの環境および開発政策によって自らの資源を開発する主権的権利を有し，自国の活動が他国に環境汚染をもたらさないよう確保する責任を負うことなどがうたわれています。

京都議定書 （1997年，COP3，京都）

「気候変動に関する国際連合枠組条約第3回締約国会議」で採択された議定書です。先進国における温室効果ガスの具体的な排出削減目標値等を取り決めています。

第3編　公害総論

Q11 環境問題の主な用語について，その意味だけでも確認しておきたいので，簡単に教えて下さい。

A. カーボンニュートラル

　カーボンは炭素，ニュートラルは中立で，「環境中の炭素循環量に対して中立であること」という意味です。生産その他の人間の活動において，排出される二酸化炭素と吸収される二酸化炭素が同じ量である，という概念を言います。植物由来のバイオ燃料を燃やしても二酸化炭素は排出されますが，その植物の生長過程で二酸化炭素を吸収したはずなので，差し引きゼロという考え方です。

環境アセスメント

　環境影響評価制度とも言われ，開発行為の実施に先だって，計画段階から，開発が大気，水質，土壌，生態系等の環境に与える影響を予測し評価して，さらに予防策や代替案を比較，再評価を含めて検討することをいいます。

環境家計簿

　日常生活において環境に負荷を与える行動を記録したり，点数化したりして収支計算することで，消費者がライフスタイルを客観的に評価できるようにするための家計簿のことを言います。

環境税（炭素税）

　例えば，二酸化炭素の排出につながる電気やガス，ガソリンなどの使用量に対して課税する税のことです。既にヨーロッパのいくつかの国において，エネルギー消費を抑えようとする目的で導入されています。日本でも検討されつつあります。

Q11：環境問題の主な用語について，簡単に教えて下さい。

環境報告書

　企業や団体などが，事業活動等に伴う環境影響の程度やその削減目標を自主的にまとめて，公表する報告書のことです。

環境ホルモン

　正式には，「外因性内分泌攪乱化学物質」と呼ばれる化学物質の通称で，生物の体内に取り込まれるとホルモンに似た働きをして生体の内分泌機能を攪乱させる作用を持つ物質のことを言います。当初多くの物質が疑いを持たれましたが現在，環境ホルモンと断定されている物質は数種類にとどまっています。

環境ラベル

　環境に配慮した製品であることを政府あるいは認証機関などによって認定され，その製品につけることを認められたラベルのことです。

クリーンエネルギー

　水力や風力，地熱など，化石燃料等の資源の燃焼を伴わないで利用することができるエネルギーのことを総称する言葉です。緑が環境の色であるということから，グリーンエネルギーといわれることもあります。「再生可能エネルギー」という言葉もほぼ同様な意味で用いられます。

グリーン購入

　製品を購入したりサービスを受けたりする場合に，必要性を十分に考慮して，価格や品質，利便性，デザインだけでなく環境のことを考え，環境への負荷ができるだけ小さいものを優先して購入する購入方法のことです。

コンポスト

　食堂や家庭生活から発生する生ごみを，土壌に生息する微生物などによって

第3編　公害総論

分解，減容（体積を減らすこと）する装置（生ごみ処理機）から処理されて排出された物をいい，主に肥料などに有効利用されます。

電気製品としてコンポスト機が市販されていますし，ミミズ・コンポストといってミミズの活動を利用して処理を行うもの（p 133 参照）もあります。

里地・里山

古来，人間の手が入って生態系が保存され，自然としての生産力が高められて，人の営みと自然が共存している地域としての里地や山地をいいます。最近では，さらに拡張されて，里浜，里海などとしても用いられている概念となっています。

3 R

環境への負荷の少ない循環型の社会を形成するための廃棄物などに対する3つの取組みをいいます。「発生抑制または使用削減（Reduce）」「再使用（Reuse）」「再生利用（Recycle）」の頭文字をとっています。5 R という人もいます。p 85 のイラストをご参照下さい。

ゼロ・エミッション

エミッションは廃棄物という意味で，完全リサイクル方式などによって，製造技術等があらゆる廃棄物を全く出さないレベルであるという概念です。

ビール工場などでは「ゼロ・エミッション宣言」をしているところも増えています。

地産地消

地域で生産されたものを地域で消費し，逆に地域で消費するものは地域で生産することをいいます。運搬に関するエネルギーを考慮したものであり，また，地域でまとまりある経済活動，環境活動になるように意識された概念です。

後で説明するフード・マイレージの低減対策にもなります。

Q 11：環境問題の主な用語について，簡単に教えて下さい。

低炭素社会

二酸化炭素の排出量が少なくなった社会のことをこのように言います。

デポジット制度

ビールびん等について，予め一定の金額を預かり金（デポジット）として販売価格に上乗せし，製品（容器）を返却すると預かり金を消費者に戻す仕組みのことで，資源回収や資源ごみの散乱防止に有効な制度とされています。

燃料電池

電気で水を水素と酸素に分解する電気分解と正反対のプロセスで，水素と酸素を化学的に反応させて電気を取り出すシステムです。副生物が水だけであって極めてクリーンなエネルギーです。水素が燃料となるエネルギーですので，水素エネルギーシステムの一環でもあります。

パークアンドライドシステム

自動車と公共交通が連携する交通システムのことで，マイカー通勤者等を対象とし，郊外の駐車場でバスや電車に乗り換え，都心へ通勤する方式をいいます。これによって，都心への自動車流入の抑制や公共交通利用者の増加を図ることができ，都市部の活性化も期待されています。ヨーロッパでは多くの都市が導入しています。

バイオレメディエーション （bioremediation）

微生物や菌類や植物，あるいはそれらの酵素を用いて有害物質で汚染された自然環境（土壌汚染の状態）を，有害物質を含まない元の状態に戻す処理のことです。その中でも植物によるものはとくにファイトレメディエーション（phytoremediation）ということがあります。

第 3 編　公害総論

排出権取引

京都議定書で定められた京都メカニズムの一つで，先進国に割り当てられた温室効果ガス排出許容量の一部を売買する仕組みです。温室効果ガスの削減目標以上に温室効果ガスを排出した場合は他から購入することで目標値を達成し，逆に排出量が目標に対して余裕がある場合は，その差を他に売却できます。

フード・マイレージ （food mileage）

食料の輸送距離という意味で，輸入相手国別の食料輸入量重量と輸出国までの輸送距離を，例えばトン・キロメートルなどで表します。世界各地から食糧を輸入している日本は，この値が極めて大きくなっています。この値を減らす努力も，地球温暖化対策の主要なものでなければならないでしょう。

マニフェストシステム

産業廃棄物の排出事業者が，産業廃棄物の性状や取扱上の注意事項等を記載した積荷目録（マニフェスト）を産業廃棄物の流通システムに組込み，マニフェストの管理を通じて産業廃棄物の流れを管理するシステムのことです。

ミティゲーション

影響の緩和ということで，開発による環境影響を極力減少させるとともに，開発によって損なわれる環境を何らかの方法で復元あるいは創造することによって，環境への影響をできるだけ少なくしようとする考えを言います。

ライフ・サイクル・アセスメント（LCA）

製品等が環境に与える負荷の改善を目的として，製品の環境への負荷を，原料調達段階から生産，流通，使用，廃棄の各段階（製品のゆりかごから墓場まで）で分析し，評価することです。

Q11：環境問題の主な用語について，簡単に教えて下さい。

リスクマネジメント

　リスク（危険や損失が生じる可能性）を組織的にマネジメント（管理）して，ハザード（危害の発生源・発生原因），損失などを回避，あるいは，それらを最小限にするためのプロセスのことです。

レッドデータブック

　気候変動等によって絶滅のおそれのある野生動植物の種（絶滅危惧種）をリストアップしその現状をまとめた報告書のことです。生物多様性を重要視して作成されています。

第3編　公害総論

第3編　公害総論

Q12 環境問題に関するアルファベットの記号・略号がたくさんありますが，それらについて簡単に教えて下さい。

A. アルファベット順にまとめてみますので，見て下さい。

- **COP 3**

気候変動枠組み条約第3回締約国会議（The 3rd Session of the Conference of the Parties to the United Nations Framework Convention on Climate Change）の略称で，通称は温暖化防止京都会議と呼ばれています。地球温暖化問題について人類の今後の取り組みを決定する会議で，日本は2010年におけるCO_2の総排出量を1990年レベルから6％削減することを約束しています。

- **BOD**

生物化学的酸素要求量（Biochemical Oxygen Demand）の略称です。水中の汚濁物質（有機物）が微生物により酸化分解されるのに必要な酸素量で，河川の汚濁指標として用いられます。単位はmg/Lです。

- **CFC**

クロロフルオロカーボン（Chlorinated fluorocarbon）の略称で，炭素C，ふっ素F，塩素Clの三元素で構成される化学物質の総称です。いわゆる「狭義のフロン」です。種類が多いので，複数形にしてCFCsと書かれることもあります。

- **COD**

化学的酸素要求量（Chemical Oxygen Demand）の略称です。水中の汚濁物質（主に有機物）を酸化剤で酸化するために必要な量で，海域や湖沼の汚濁指標を示すのに用い，単位はmg/Lです。

- **DO**

溶存酸素量（Dissolved Oxygen）の略称です。水中に溶けている酸素量のことで，単位はmg/Lです。

- **EMAS**

Eco-Manegement and Audit Schemeの略で，イーマスと呼ばれます。EU

Q12：環境問題に関するアルファベットの記号・略号の意味を教えて下さい。

の加盟国に適用される環境管理に関する地域の規制の一つです。公式には，「欧州工業界における企業が任意に参加できる環境マネジメント及び監査計画に関するEC委員会規則」という名称です。

- **GEF**

地球環境ファシリティ（Global Environment Facility）で，開発途上国および市場経済移行国が地球規模の環境問題に対応した形でプロジェクトを実施する際に，追加的に負担する費用について原則として無償資金を提供することです。GEFは国際機関ではなく，世界銀行，UNDP，UNEP等の既存組織を活用した資金メカニズムを言います。

- **HBFC**

ハイドロブロムフルオロカーボン（Hydrogenated bromofluorocarbons）の略称です。臭素を含むものはハロンと呼ばれ，HBFCは代替ハロンとも呼ばれます。

- **HCFC**

ハイドロクロロフルオロカーボン（Hydrogenated chlorofluorocarbons）の略称で，代替フロンとも呼ばれます。炭素C，ふっ素F，塩素Cl，水素Hの四元素から構成される化学物質の総称です。

- **IPCC**

気候変動に関する政府間パネル（Intergovernmental Panel on Climate Change）ということで，各国の気候分野の研究者が参加し，地球の温暖化について調査・研究を行う組織です。

- **ISO**

工業標準の策定を目的とする国際機関で，各国の標準化機関の連合体です。本部はスイスのジュネーブにあります。意味はInternational Organization for Standardizationですが，略称が「IOS」でなく「ISO」となっているのは，ギリシャ語で「平等」を意味する「isos」という言葉が起源のためです。

- **JICA**

日本における国際協力機構（Japan International Cooperation Agency）で，外務省所管の独立行政法人です。政府開発援助（ODA）の実施機関の一つであって，開発途上地域等の経済及び社会の発展に寄与し，国際協力の促進に資することを目的としています。

- **LCA**

Life Cycle Assessmentで，家電製品や自動車などの特定の製品が，生産か

第3編 公害総論

ら消費・使用・廃棄までのライフサイクルを通じて環境に与える影響を評価する方法のことです。

- **MSDS**

物質安全性データシート（Material Safety Data Sheet）で，化学物質に関する物性データを記入し，安全性，危険有害性の把握に使用するものです。

- **ODA**

政府開発援助（Official Development Assistance）は，国際貢献のために先進工業国の政府および政府機関が発展途上国に対して行う援助や出資のことです。

- **PCB**

ポリ塩化ビフェニル（Polychlorinated Biphenyl）の略称です。水に不溶ですが有機溶媒とは互いに溶解し，難燃性，不燃性，科学的に安定，絶縁性が高く，電気特性に優れている等諸性質のために多方面に利用されています。発ガン性等で人体に有害であることが判り，ダイオキシン類にも含められて使用禁止になっています。

- **PDCA サイクル**

計画（plan）を作り，それに従って実行（do）し，その結果を確認（check）し，その確認結果をもとに次の活動を実施（act）するサイクルを言います。環境マネジメントや品質マネジメントなどにおいて，このサイクルが回されます。

- **PPP**

汚染者負担原則（Polluter Pays Principle）です。公害などの汚染者が，被害者の医療費などを負担するという原則です。

- **PRTR**

環境影響物質が多くの形（大気，水域，土壌）をとって排出される量および廃棄物として廃棄物処理業者に移動される量を調査し，登録する制度である「環境汚染物質排出・移動登録」（Pollutant Release and Transfer Registers）の略称です。環境汚染のおそれのある化学物質がどのような発生源からどの程度環境中に排出されているか，また廃棄物になっているのか，というデータをまとめたものとなります。

- **RDF**

固形燃料（Refuse Derived Fuel）の略称です。生ごみやプラスチックごみ

Q12：環境問題に関するアルファベットの記号・略号の意味を教えて下さい。

等の廃棄物を固め固形燃料にしたもので，暖房や発電の燃料として使われます。

・**SPM**

浮遊粒子状物質（Suspended Particulate Matter）の略称で，直径が10ミクロン以下の空気中の浮遊粒子のことです。

・**SS**

懸濁物質（Suspended Solid）の略称で，水中に浮遊している小粒状物質を言います。単位はmg/Lで表します。

・**UNDP**

国際連合開発計画（United Nations Development Programme）は，世界の開発とそれに対する援助のための国際連合総会の補助機関です。

・**UNEP**

国連環境計画（United Nations Environment Programme）です。1972年6月ストックホルムで「かけがえのない地球」を合い言葉に開催された国連人間環境会議で採択された「人間環境宣言」および「環境国際行動計画」を実施に移すための機関として，設立されています。

第3編　公害総論

【問題】次に示す略号の中で，汚染者負担に関するものはどれか。
1. PPM　　2. PPP　　3. SPM　　4. PCB　　5. LCA

解説
この問題では，肢2のPPPが汚染者負担の原則という意味でしたね。

正解　2

105

第3編 公害総論

Q13 練習のために，公害総論関係の基礎練習問題を出して下さい。

では，肩慣らしに基礎の問題を少し解いてみましょう！

【問題1】 環境基本法に明示されている公害を典型七公害と言うが，典型七公害だけを含む選択肢はどれか。
1．悪臭，大気の汚染，食品公害，振動，放射能汚染
2．地盤の沈下，薬品公害，悪臭，騒音，振動
3．土壌の汚染，放射能汚染，地盤の沈下，薬品公害，食品公害
4．振動，光害，水質の汚染，土壌の汚染，騒音
5．地盤の沈下，大気の汚染，土壌の汚染，悪臭，騒音

解説

典型七公害とは，水質の汚濁，地盤の沈下，大気の汚染，土壌の汚染，悪臭，騒音，振動を言います。これら以外の公害もありますが，環境基本法に明示されている公害はこの七つとなっています。食品公害，薬品公害，放射能汚染，光害なども広い意味で公害ですが，環境基本法には明示されていないということです。

光害は公害と発音を区別するため「ひかりがい」と読みます。都市の夜の照明などの自然界にない環境によって引き起こされる被害のことです。天体観測に障害を及ぼし，生態系を混乱（虫類の成育異常，渡り鳥のコース錯誤など）させ，あるいはエネルギーの浪費の一因になるなどの影響があります。

正解 5

Q13：練習のために，公害総論関係の基礎練習問題を出して下さい。

【問題2】 以下に示す概念のうち，環境基本法においては用語として明示されていないものはどれか。
1．原因者負担　　2．受益者負担　　3．持続的発展
4．環境月間　　　5．環境影響評価

解説

肢4の「環境月間」は，環境基本法では示されていない用語です。「環境の日」は環境基本法第10条で規定されています。
　他には，原因者負担が第37条，受益者負担が第38条，持続的発展が第4条，環境影響評価が第20条で示されています。

正解　4

【問題3】 水質や大気に係る特定工場における公害防止組織の整備に関する法律に規定する公害防止統括者等の選任，届出に関する記述中，下線を付した箇所のうち，誤っているものはどれか。
　特定事業者は，公害防止統括者を選任すべき事由が発生した日から(1)30日以内に，当該特定工場公害防止統括者を選任し，選任した日から(2)30日以内に，その旨を当該特定工場の所在地を管轄する都道府県知事（又は政令で定める市の長）に届け出なければならない。ただし，その特定事業者の常時使用する従業員の数が(3)30人以下である場合には，公害防止統括者を選任する必要はない。また，公害防止管理者の選任は，公害防止管理者を選任すべき事由が発生した日から(4)60日以内に行い，選任した日から(5)30日以内に，その旨を当該特定工場の所在地を管轄する都道府県知事（又は政令で定める市の長）に届け出なければならない。

解説

　ここでは，(3)の下線部は30人以下ではなくて，20人以下の場合に公害防止統括者を選任する必要がないことになっています。その他の30日，60日の記述は正しいものです。このような数字は非常に試験にも出やすいため確認しておきましょう。

正解　3

第3編　公害総論

第3編　公害総論

【問題4】 日本における環境問題とその主な原因物質の組合せとして，誤っているものはどれか。

	環境問題	原因物質
1	海域，湖沼等の富栄養化	有機物，窒素，りん
2	地下水汚染	硝酸性および亜硝酸性窒素
3	イタイイタイ病	カドミウム
4	四日市ぜん息	硫黄酸化物
5	第二水俣病	六価クロム

💡 **解説**

肢5の第二水俣病は，新潟県の阿賀野川流域で発生した水俣病で，熊本県で発生した水俣病と原因物質，症状ともにほぼ同じ内容でした。その原因物質は，メチル水銀などの有機水銀です。

正解　5

【問題5】 略語とそれを説明する日本語の組合せとして，誤っているものは次のうちどれか。

	略語	説明
1	LCA	ライフ・サイクル・アセスメント
2	MSDS	化学物質等安全データシート
3	QQQ	汚染者負担の原則
4	PRTR	環境汚染物質排出・移動登録
5	COP 3	気候変動枠組み条約第3回締約国会議

💡 **解説**

肢3の汚染者負担の原則は，Polluter Pays Principle で，PPP と略されます。その他の略号と説明との対応は正しいものとなっています。

正解　3

【問題6】 ダイオキシン類に関する記述として，誤っているものはどれか。
1．ダイオキシン類は，非意図的に生成され，残留性の強い化学物質である。
2．ダイオキシン類には，ポリ塩化ジベンゾ-パラ-ジオキシン，ポリ塩化ジベンゾフランおよびコプラナーポリ塩化ビフェニルの3種類があり，それ

Q13：練習のために，公害総論関係の基礎練習問題を出して下さい。

それにさらに多くの異性体がある。
3．ダイオキシン類は，個々のダイオキシンによって毒性が大きく異なるので，濃度は等価換算毒性量（毒性等量）(TEQ) として表す。
4．人のダイオキシン類摂取に関しては，耐容一日摂取量（TDI）が定められている。
5．ダイオキシン類には，大気および土壌のみに環境基準が定められている。

💡解説
　肢1～肢4はそれぞれ設問の通りですが，肢5のダイオキシン類の環境基準は，大気，水質および土壌のそれぞれに定められています。

正解　5

【問題7】　地球温暖化対策として合意された京都議定書の排出削減対象物質として，誤っているものはどれか。
1．一酸化二窒素　　　　2．六ふっ化硫黄　　　　3．メタン
4．クロロフルオロカーボン　　5．パーフルオロカーボン

💡解説
　肢4のクロロフルオロカーボンも温暖化作用は高い物質ですが，これは以前にオゾン層破壊の最大の元凶として，モントリオール議定書（1987年）で製造や使用が禁止されています。京都議定書（1997年）の段階で，今さら排出削減をすることは時代錯誤ですね。その他の物質は，京都議定書の排出削減対象物質となっています。
　肢4と肢5はよく似ているので注意しましょう。

正解　4

【問題8】　リスクマネジメントに関する記述として，誤っているものはどれか。
1．リスク特定は，リスクの原因となるリスク因子を識別し，網羅し，特徴付けるプロセスである。
2．リスク因子の人体への影響を明らかにするリスク算定法として，リスクの発現に係る用量－反応関係の同定は代表的な方法である。
3．算定されたリスクは，リスク基準と比較して評価されるが，用量－反応

関係に基づいて算定されたリスクの評価には不確実性はない。
4．残留リスクとは，適切なリスク対応やリスクコントロールを施しても残ってしまうリスクのことをいう。
5．リスクコミュニケーションによって，リスクの回避や低減，リスク原因の特定への寄与などが期待できる。

解説

　リスクマネジメントに関する問題は，あまり慣れておられないと思いますが，一般の人がそういう状態ですので，出題される問題もそれほど深いところまでを問うことはないようです。よく文章を読まれれば，常識あるいはそれに近いことで判断のつくことが多くなっているように思います。

　リスクはどれだけ検討しても，不確実性が減るだけであって，なくなることはありません。従って，肢3にあるように「リスクの評価には不確実性がない」とは言えません。

正解　3

第4編
大気関係の共通事項

はじめに

　この編では，公害防止管理者の大気関係に共通する分野において，各種の基礎事項についての疑問や質問にお答えします。
　やはりこのあたりも，はじめは寝転んで斜め読みしていただいて結構です。

第4編　大気関係の共通事項

Q1 公害防止管理者（大気関係）の試験は，誰でも受けられるのでしょうか？試験はどのくらい難しいのですか？

A. 誰でも受けられるの？

　公害防止管理者は国家資格で，その試験は当然国家試験ということになりますが，受験資格の制限はありません。学歴も年齢も，勿論性別にも関係なく，どなたでも受験できます。日本人でなくても受けられますが，当然のことながら，日本語が理解できる必要はあるでしょう。

合格するのは難しいの？

　受験は誰でもできる訳ですが，合格となると誰でもという訳にはいきません。区分によっても違いますが，合格率は低い時には10％程度，まれに40％以上になるもありますが，通常，20〜30％のことが多いようです。国家試験にもいろいろありますが，その中でとくに難しい試験ということではないと思ってよいでしょう。

　あまり高度な数学は必要ありませんし，半分以上は暗記の努力で正解が得られる問題もありますので，頑張ろうという気持ちで取り組めば何とかなる試験とも言えます。計算問題も出題されますが，頑張れば大半は解ける問題が多いでしょう。高等学校の生徒が努力して合格している例もあります。

　合格基準は，およそ60％で，たいていの国家試験ではそのような水準であることが多いです。各科目が60％というほど厳しくはなく，年度によって多少の差もあるようですが，ある程度「各科目の平均点で60％」を基準に運用されているようです。

Q1：公害防止管理者の試験はどのくらい難しいのですか？

第4編　大気関係の共通事項

試験科目の範囲

大気区分の場合の試験科目の範囲について整理してみますと，

表4-1　公害防止管理者（大気関係）の区分と試験科目

科目名	区分 1種	区分 2種	区分 3種	区分 4種	試験科目の範囲
公害総論	○	○	○	○	環境基本法，環境関連法規，特定工場，環境問題全般，環境管理手法，国際環境協力
大気概論	○	○	○	○	大気汚染の法規制，現状，発生機構，影響，国または地方公共団体の施策
大気特論	○	○	○	○	燃料，燃焼方法と燃焼装置，排煙脱硫，大気測定
ばいじん・粉じん特論	○	○	○	○	処理計画，集じん装置の原理・構造・特性・維持・管理，一般粉じんおよび特定粉じん発生施設，ばいじん・粉じんの測定
大気有害物質特論	○	○	不要	不要	有害物質の発生過程・処理方式，事故時の措置，有害物質の測定
大規模大気特論	○	不要	○	不要	拡散現象，拡散濃度計算，環境影響評価モデル，大気環境濃度の予測，大規模設備の大気汚染防止対策事例

　第1種は全ての範囲をカバーしますので，もっとも上位の区分と言えます。また，第4種はもっとも範囲が狭いことで相対的に受験しやすい区分と言えるでしょう。しかし，第2種と第3種とでは，どちらが上位とは言えません。第2種は水質有害物質特論が，第3種では大規模水質特論が課せられ，どちらが上とは必ずしも言えないと思います。
　なお，科目別合格制度が導入されています。詳しいこと本編のQ2（p 114）をご覧下さい。

第4編　大気関係の共通事項

Q2 公害防止管理者（大気関係）の国家試験は科目別合格制になっているそうですが，それはどういう制度なのですか？

A. 科目合格制導入の背景

公害防止管理者の国家試験は，その制度が制定されて以来30年以上に渡って1回合格制，つまり1科目でも落とすと不合格となって，次の年以降に再び全科目を受験しなければならないものでした。また，大気区分や水質区分において，例えば第4種に合格した人も，次により上級の1～3種の受験にあたっては，既に合格した科目についても再び受験する必要がありました。

それらの改善のために，平成18年度より科目合格の制度が導入されました。

科目合格制

科目合格の制度は，上記の改善を柱としているようですので，主に次の二つの内容からなっています。

1）合格科目の有効年限

例えば3科目の合格が必要な大気4種の受験者を例にとってみますと，次の表のような形で何年かに渡って受験することでも合格となります（3年以内に必要な科目合格をすれば資格取得となります）。

表4-2　合格科目制度の例（大気第4種の場合）

試験科目	1年目	2年目	3年目	4年目
公害総論	×	×	×	○
大気概論	○	免除	免除	○
大気特論	×	○	免除	免除
ばいじん・粉じん特論	×	○	免除	免除
合否判定	不合格（科目合格）	不合格（科目合格）	不合格	合格（資格取得）

○は試験科目合格，×は試験科目不合格，
「免除」は，受験者の申請により受験が免除されることを示します。

Q2：公害防止管理者の国家試験の科目別合格制について教えて下さい。

つまり，3年以内に必要な科目が合格となれば，その資格を取得することができます。ただし，ご注意いただきたいことは，最初の科目合格の後に3回のチャンスがあるわけではなく，科目合格した後は，残り2回の機会に全ての科目が合格とならなければならないという点です。「あと3回」ではなくて，最初の回を含めて「3回」であることにご留意下さい。4年目には1年目に一度合格した科目であっても改めて受験しなければなりません。

2）上級の区分の受験にあたって

大気および水質においては，より上級の試験区分の資格を取得するために，必要な科目だけを受験して合格すればよいことになっています。ただし，平成17年度以前に取得された方についてはその規定は適用になりません。

大気の場合には，次のようになっています。大気2種と大気3種とはどちらが上位ということは必ずしもありません。

① 大気第4種合格者
- 「大気有害物質特論」の科目合格により，大気第2種の資格取得が可能
- 「大規模大気特論」の科目合格により，大気第3種の資格取得が可能
- 「大気有害物質特論」および「大規模大気特論」の科目合格により，大気第1種の資格取得が可能

② 大気第3種合格者
- 「大気有害物質特論」の科目合格により，大気第1種の資格取得が可能

③ 大気第2種合格者
- 「大規模大気特論」の科目合格により，大気第1種の資格取得が可能

第4編 大気関係の共通事項

第4編　大気関係の共通事項

Q3 大気関係の公害防止管理者試験を受けたいのですが，水質や騒音・振動の勉強もしなければなりませんか？

A. 公害防止管理者の種類

　おっしゃる通り，公害防止管理者の資格には，次のように沢山ありますね。
- 大気関係第1種～第4種公害防止管理者
- 水質関係第1種～第4種公害防止管理者
- ダイオキシン類関係公害防止管理者
- 騒音・振動関係公害防止管理者
- 特定粉じん関係公害防止管理者
- 一般粉じん関係公害防止管理者
- 公害防止主任管理者

　以前は，これらの管理者の区分の中で，騒音・振動関係公害防止管理者は騒音関係と振動関係とに分かれていましたが，平成18年度より一緒になっています。また，特定粉じん関係と一般粉じん関係は，大気関係の親戚のようなもので，科目は相当程度共通です。

他の区分の学習

　そこで，ご質問にあるような「他の区分」の勉強をしなければならないか，という点ですが，平成18年度の制度改訂によって，「公害総論」という試験科目が新設されました。この科目は，公害防止管理者のどの区分を受ける方にも共通の科目です。従って，公害防止管理者の試験を受けようとする全ての方がこの科目を学習しなければなりません。

　この「公害総論」は，環境問題の一般知識をはじめ，公害防止管理者であれば「これだけは知っておいてほしい」という内容となっていますので，この科目に出てくる内容は受験の区分にかかわらず学習することが必要です。この科目では，大気関係も水質関係も，騒音・振動関係，あるいはダイオキシン類関

Q3：大気関係以外に，水質や騒音・振動の勉強もしなければなりませんか？

係の内容も，一般知識としての入門的な内容ですが出てきます。

　逆に，他の区分に関することも，この科目の範囲だけを学習しておけば十分ということになります。公害総論の他の科目で他の区分の知識を要求されることは基本的にありませんので，安心して学習して下さい。

公害総論は一回だけでよい

　既に本編のQ2（p114）で説明していますように，公害防止管理者試験では科目合格制度が採用されています。これによれば，既に取得した資格の科目については，再び受験する必要がありません。例えば，大気4種の資格を持っている人は，「大規模大気特論」の科目だけに合格しますと，大気3種の資格が与えられます。これと同じ原理で，大気の資格を持っている人が，水質関係を受けようとする時は，公害総論は受験が免除となります。従って，公害総論は一回だけの受験でよいということになります。

　ただ，ご注意いただきたいことは，資格を得るまでに至っていない人が科目合格している場合は，3年以内という有効期限がありますので，科目合格しただけでは安心できません。公害総論を科目合格したが，3年以内に何かの資格が取れなかったという場合は，公害総論をもう一度受験する必要が出てきますのでご注意下さい。資格として成立した後は，もう公害総論の受験の必要がないということです。

第4編　大気関係の共通事項

第4編　大気関係の共通事項

Q4 指数や対数の計算は，しばらくしていなかったので，もう一度，教えて下さい。

A. 指数

指数とは，肩の上に乗った小さな数字が表す形を言います。

$$2 \times 2 = 2^2$$

という式はおわかりですね。2^2 は 2 の 2 乗と読みますね。2^2 とは，2 を 2 回掛けることでしたね。

以下，指数の性質についても説明します。

$$2^2 \times 2^3 = 4 \times 8 = 32 = 2^5 = 2^{2+3}$$

という式をよく見て下さい。このように，掛け算の時の肩の数字は，乗っかっているもとの数字が同じである場合に限りますが，結果的に肩の上では足し算になります。掛け算が足し算になるというのは，不思議な性質ですね。同じように，

$$2^5 \div 2^3 = 32 \div 8 = 4 = 2^2 = 2^{5-3}$$

と，割り算は肩の上では引き算になります。このあたりの計算はよく出てきますので，慣れておきましょう。

以上を，公式としてまとめて書いてみますと，

$a^m \times a^n = a^{m+n}$

$a^m \div a^n = a^{m-n}$

この性質を使いますと，

$2^2 \div 2^2 = 2^{2-2} = 2^0$

となります。しかし，2^0っていくつなのでしょうか。

$2^2 \div 2^2 = 4 \div 4 = 1$

ですから，1 のはずですね。でも何か変に思われますか。

先に，2^2 とは「2 を 2 回掛けたもの」と言いましたが，では，「何」に 2 回掛けるのでしょうか。実は，1 に 2 を 2 回掛けるので 4 になるのです。ということは，2^0 は 1 に 2 を 0 回掛ける，つまり，1 回も掛けないのです。従って，1 のままなのです。

もう一つ，指数の公式を挙げます。

$(a^m)^n = a^{m \times n} = a^{mn}$

Q4：指数や対数の計算をもう一度，教えて下さい。

今度は，肩の上で掛け算になっていますね。

対　数

対数は指数の逆です。でも，「どのように逆なの？」と思われるかもしれません。それでは，説明をしていきます。

$$2^3 = 8$$

という式を見て下さい。2を3乗したら8になるということはもうおわかりですね。

逆に，「2を何乗したら8になるの？」という問題があったとします。上の式（$2^3 = 8$）を見た人は，3とすぐにわかりますが，わからない場合を考えます。例えば，「2を何乗したら9になるの？」という問題の答えをxとしますと，

$$2^x = 9$$

と書けますね。このxは，肩の上に乗っていますので，このままでは扱いにくいことがあります。そのため，このxのことを，

$$\log_2 9$$

と書きます。意味はもうおわかりですね。「2を何乗したら9になる」という数字でしたね。この数字を（式のように見えますが，数字と思って下さい）「9の対数」，より詳しくは「2を底とする9の対数」と言います。logはロッグ，または，ログと読みます。

文字を使って，$\log_a x$ などと書く時，$x > 0$，$a > 0$，$a \neq 1$ と決まっています。この対数にも，指数の時のような計算方法（計算の特徴）があります。

$$\log_2 4 + \log_2 8$$

を計算してみましょう。2を2乗すると4，3乗すると8ですから，

$$\log_2 4 = 2$$
$$\log_2 8 = 3$$

ですね。一方，$4 \times 8 = 32$ なので，

$$\log_2 32 = 5$$

これら3つの式の右辺を比較しますと，

$$2 + 3 = 5$$

ですから，

$$\log_2 4 + \log_2 8 = \log_2 32$$

第4編　大気関係の共通事項

も成り立つはずですね。つまり，4の対数と8の対数を足すと，4と8を掛け算した32の対数ということになります。また，上の式を変形しますと，

$$\log_2 32 - \log_2 8 = \log_2 4 = \log_2 (32 \div 8)$$

ここでは，引き算が割り算になっていますね。これらを公式としてまとめます。

$$\log_a M + \log_a N = \log_a (M \times N)$$

$$\log_a M - \log_a N = \log_a (M/N)$$

対数には，また別の面白い性質があります。

$$\log_a M^2 = \log_a (M \times M) = \log_a M + \log_a M = 2\log_a M$$

Mの肩にあった2が前に出てきましたね。この性質は2だけではありません。

$$\log_a M^3 = \log_a (M \times M \times M) = \log_a M + \log_a M + \log_a M$$
$$= 3\log_a M$$

などと，実は（ここでは証明しませんが）全ての数字について言えるのです。

つまり，

$$\log_a M^n = n\log_a M$$

これも，結構役に立つ公式です。

また，指数の時に$a^0 = 1$という話が出てきましたが，対数でも，

$$\log_a 1 = 0$$

$$\log_a a = 1$$

などの関係があります。

$\log_a 1$はaを何乗したら1ですか，という意味でしたから，0乗ですね。同様に，$\log_a a$はaを何乗したらaですか，ということなので，1ですね。

なお，底が10の対数を常用対数，底が$e = 2.718\cdots$といい特別な数の場合を自然対数と言います。化学の世界では，底を省略すると常用対数で，自然対数を表す場合には，lnと書きます。lnはロンなどと読まれます。

従って，

$$\log 10 = 1$$

$$\ln e = 1$$

となります。さらに，

$\ln x = 2.303 \log x$ という式も化学ではよく使われますので，覚えておかれると便利です。

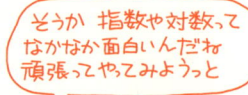

Q4：指数や対数の計算をもう一度，教えて下さい。

指数，対数の練習問題

練習として，次の問題を解いてみて下さい。

1）指数の問題

① $a^2 \times a^7 =$
② $2^{2a} \times 2^{3a} =$
③ $a^8 \div a^3 =$
④ $m^{2n} \div m^n =$
⑤ $(2^3)^2 =$
⑥ $\dfrac{A^2 B^3 C^4}{AB^2 C^3} =$

2）対数の問題

① $\log_2 3 + \log_2 9 =$
② $\log_7 9 - \log_7 3 =$
③ $\log_2 (xyz) + \log_2 (x^3 y^2 z) =$
④ $\log_2 (x^3 y^2 z) - \log_2 (xyz) =$
⑤ $\log 100 + \log 10 =$

1）の答え

① $a^{2+7} = a^9$
② $2^{2a+3a} = 2^{5a}$
③ $a^{8-3} = a^5$
④ $m^{2n-n} = m^n$
⑤ $2^{3 \times 2} = 2^6 = 64$
⑥ $A^{2-1} B^{3-2} C^{4-3} = A^1 B^1 C^1 = ABC$

2）の答え

① $\log_2 (3 \times 9) = \log_2 27 = \log_2 3^3 = 3 \log_2 3$
② $\log_7 (9 \div 3) = \log_7 3$
③ $\log_2 (xyz \times x^3 y^2 z) = \log_2 (x^4 y^3 z^2)$
④ $\log_2 \{(x^3 y^2 z) \div (xyz)\} = \log_2 (x^{3-1} y^{2-1} z^{1-1})$
  $= \log_2 (x^2 y^1 z^0) = \log_2 (x^2 y)$
⑤ $\log (100 \times 10) = \log 10^3 = 3 \log 10 = 3$

第4編 大気関係の共通事項

Q5 化学で出てくるモルってわかりにくいのですが、どんな考え方なのですか？

A. モルとは何か？

そうですね。モルという考え方は、とくに初めて出てきますと面食らうことがありますね。決してあなただけではありませんので、ご安心下さい。長さの単位のメートルや重さの単位のキログラムなどはわかりやすいのに、「物質の量をモルで表す」と言われると「？」となってしまいますね。では、それをわかりやすく説明します。

モルとはダースと同じ

皆さんは、1ダースという単位をご存知でしょうか、主に鉛筆などに使われていたと思いますが、最近でも使っているでしょうか？12個とか12本を一つのまとまりとして1ダースと言うのでしたね。ですから、24本は2ダースで、30本は2ダース半などと言いますね。

モルもこれと同じような考え方なのです。ただし、12個でなくて、もっと大きい数字の 6×10^{23} 個という数をまとめて1モルと言います。ですから、12×10^{23} 個は2モル、18×10^{23} 個は3モルになります。分子や原子はすごく沢山あるものですから、こんな大きな数のまとまりで数えているのですね。この数（6×10^{23}）をアボガドロ数と言います。正確には、$6.02 \cdots \times 10^{23}$ となるのですが、普通は簡単に 6×10^{23} としています。

なぜ、そんな大きな数字を使うの？

でも、なぜこんな大きくややこしそうな数字を使うのでしょう。皆さんは「リンゴ100gとミカン50gを買った」という表現と、「リンゴ3個とミカン2個を買った」という表現のどちらがわかりやすいでしょうか。多分、場面によってその両方の表現がありますよね。モルもほぼそれと同じなのです。

「酸素32gと水素4gを反応させた」という表現もありますが、これを分子の数で言いますと「酸素 6×10^{23} 個と水素 12×10^{23} 個を反応させた」というこ

Q5：化学で出てくるモルってわかりにくいのですが，どんな考え方なのですか？

とになって，これでも良いのですが，数字が大きすぎるので結構扱いにくいですね。そこで，1ダースと同じように，モルのまとまりである$6×10^{23}$個を使って，「酸素1モルと水素2モルを反応させた」ということにしているのです。このような表現にしますと，**「酸素1個と水素2個を反応させた」**と言っているのと同じ感覚で扱えるのでとても便利になります。

実例で説明して下さい

ここで，先に述べた酸素と水素の反応について，モルの実例をもう少し詳しく考えてみましょう。反応式は，

$$2H_2 + O_2 \rightarrow 2H_2O$$

ですから，水素分子2個と酸素分子1個が反応して，水分子が2個生まれるのですね。しかし，水素分子などは1個や2個と言っても，私たちの感覚からしますととても小さいものであって量的には考えにくいので，ここでモルの考え方で考えてみます。

水素分子2個と言わないで，水素分子2モル＝$2×6×10^{23}$個と酸素分子1モル＝$1×6×10^{23}$個を反応させて，水分子が2モル＝$2×6×10^{23}$個だけ生まれたと考えます。水素分子はH_2で，水素の原子量は1ですので，水素分子の分子量は$H_2=2$，酸素分子の分子量は$O_2=32$，同様に，水分子は$H_2O=18$となります。

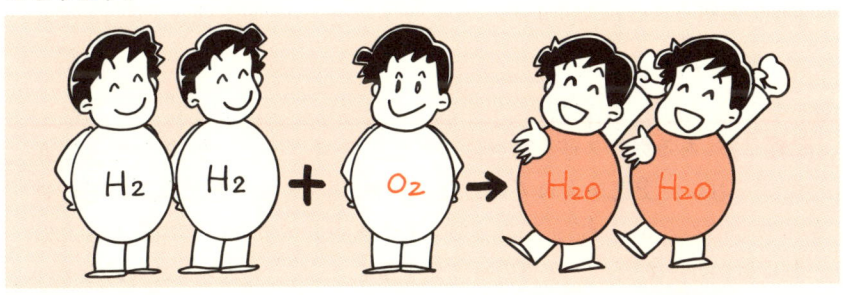

原子量や分子量に単位はないことになっていますが，その意味は1モル当たりの重さ（モル質量）ということであえて単位を書けば［g/mol］となります。従って，「H_2 2モルとO_2 1モルから，2モルのH_2Oができる」を重さで表現しますと，「H_2 4gとO_2 32gから，36gのH_2Oができる」ということになります。

では，少し問題で練習してみましょう。

第4編 大気関係の共通事項

第4編　大気関係の共通事項

【問題1】　炭素24.0gが完全燃焼して発生する気体の体積は標準状態でどれだけか。ただし，炭素の分子量は12.0とし，気体の1モルは標準状態で22.4L（リットル）の体積を占めるものとする。
1．11.2L
2．22.4L
3．33.6L
4．44.8L
5．56.0L

解説

　まず，反応式を考えます。完全燃焼するという反応は，酸素と反応してこれ以上燃えないレベル（二酸化炭素，CO_2）になるということです。一酸化炭素（CO）までの燃焼もありえますが，それではまだ燃えますので完全燃焼にはなりませんね。
　結局，反応式は，
$$C + O_2 \rightarrow CO_2$$
となります。分子量12.0の炭素が24.0gあるのですから，これは2.0モルです。炭素1モルから二酸化炭素が1モル発生することが，反応式からわかりますので，ここでは2.0モルの二酸化炭素が生じます。1モルの気体は標準状態で22.4Lを占めるのですから，2.0モルの二酸化炭素はその2.0倍で，44.8Lの体積を占めることになります。

正解　4

【問題2】　あるガラス球を真空にして重さを測ったところ50.5521gであった。これに，空気を入れて測ると51.2207g，メタンとエタンの混合気を詰めて測ると51.0038gであった。混合気中のメタンのモル分率は次のどれに近いか。ただし，空気の平均分子量を29.0，メタン，エタンのそれをそれぞれ16.0，30.1とせよ。
1．0.685
2．0.705
3．0.725
4．0.745
5．0.765

Q5：化学で出てくるモルってわかりにくいのですが，どんな考え方なのですか？

解説

メタンとエタンの混合気のみかけ分子量（平均分子量）を M，真空ガラス球の重さを W_0，空気および混合気を詰めた重さをそれぞれ W_1，W_2 とします。分子量と重さが比例しますので，

$$\frac{29.0}{M} = \frac{W_1 - W_0}{W_2 - W_0}$$

W_0 および W_1，W_2 の数値を代入し，有効数字3桁で計算しますと，

$$\frac{29.0}{M} = \frac{W_1 - W_0}{W_2 - W_0} = \frac{51.2207 - 50.5521}{51.0038 - 50.5521} = \frac{0.6686}{0.4517}$$

$$M = 29.0 \times \frac{0.452}{0.669} = 19.6$$

また，平均分子量の考え方から，メタンのモル分率を x として，

$$16.0x + 30.1(1-x) = M$$

$$\therefore \quad x = 0.745$$

正解　4

第4編　大気関係の共通事項

Q6　化学反応式の係数は，どうやって決めたらよいのですか？

A. そうですね。大気関係でも水質関係でも，反応式の各物質の前に付く係数を決めてから解く問題も，それぞれ，それなりに出題されていますね。
　例えば，メチルアルコールが完全燃焼する反応は，
$$2\,CH_3OH + 3\,O_2 \rightarrow 2\,CO_2 + 4\,H_2O$$
となりますが，この反応式の係数，2，3，2，4 などをどうやって決めるのかということですね。

　そのための方法は，次のように二つあります。
(A) 順次決定してゆく方法（順次決定法）
(B) 係数の方程式を立てて解く方法（未定係数法）
　この二つの方法のうち，(A)の方が手間が簡単ですから(A)でできる場合は(A)で行います。(A)の方法によっては難しいという場合に，(B)の方法を使うことになります。以下，問題を解く形で具体的に説明していきます。

(A) 順次決定法

　これは，反応の主たる元素や重要な物質に着目して確実に定まる形で，順番に係数を決めていく方法です。

【例題1】 エタンが完全に燃焼する反応式はどのようになるか。

【解】 エタンは炭素が2個の飽和炭化水素ですから，C_2H_6 で，これが完全に燃焼するのですから，O_2 によって CO_2 と H_2O になる反応です。まず，係数を書かずに物質だけを反応式にしてみます。
$$C_2H_6 + O_2 \rightarrow CO_2 + H_2O$$
　次に，この反応の主要物質である C_2H_6 の係数をとりあえず1としてみます。次に C_2H_6 の二つのCについては，それが右辺に行くと CO_2 になるのですから，その係数は2になります。同様にHについては，左辺に6つありますので，

Q6：化学反応式の係数は，どうやって決めたらよいのですか？

右辺のHも6つにするためにH_2Oの係数が3になることになります。この段階で

$$C_2H_6 + xO_2 \rightarrow 2CO_2 + 3H_2O$$

という形になっていますね。最後にO_2の係数xを決めるためにOの数を数えます。右辺のOは合わせて7個ですから，左辺も7個にするためにはO_2の係数は，次のようになります。

$$x = \frac{7}{2}$$

これを反応式に書けばよいのですが，反応式を見やすくするために，全体に2を掛けます。係数を全て整数にするためですが，勿論，分数のままにしておいたから悪いというものではありません。

結果は，

$$2C_2H_6 + 7O_2 \rightarrow 4CO_2 + 6H_2O$$

となります。

(B) 未定係数法

【例題2】アンモニアによって二酸化窒素が還元分解される反応式はどのようになるか。

【解】反応に関係する物質を全てリストアップしなければなりませんが，ここでは次のようにわかっているものとして，その係数を$a \sim d$と書いてみます。

$$aNO_2 + bNH_3 \rightarrow cN_2 + dH_2O$$

ここで元素ごとに式を作っていくのですが，$a \sim d$の4つの未知数に対してN，O，Hの3元素から3つの式しか作られませんので，式が不足のように思われるかも知れません。しかし，反応式は全体に同じ数字を掛けても成り立ちますので，1つの未知数は独立に（好きなように）決めてもよいのです。

従って，NO_2の係数を1として次のように書き換えます。（先ほどの$a \sim d$とは異なる値となりますので注意して下さい）

$$NO_2 + aNH_3 \rightarrow bN_2 + cH_2O$$

そして，元素ごとに方程式を立てます。

N：$1 + a = 2b$

O：$2 = c$

H：$3a = 2c$

第4編 大気関係の共通事項

これらの式を解いて，（解きやすそうな式から先に解きましょう）

$a = \dfrac{4}{3}$

$b = \dfrac{7}{6}$

$c = 2$

この係数を反応式にあてはめますと，

$NO_2 + \dfrac{4}{3} NH_3 \rightarrow \dfrac{7}{6} N_2 + 2 H_2O$

ここで，係数を整数にするために，全体を6倍しますと，

$6 NO_2 + 8 NH_3 \rightarrow 7 N_2 + 12 H_2O$

【問題1】 ふっ化けい素が水に溶けてヘキサフルオロけい酸と二酸化けい素になる反応式の係数はどのようになるか。

$a SiF_4 + b H_2O \rightarrow c H_2SiF_6 + d SiO_2$

選択肢	a	b	c	d
1	3	2	2	1
2	2	3	1	1
3	3	2	2	4
4	2	3	2	5
5	4	3	2	1

💡解説

方程式を立てて解くのもよいのですが，考察しながら解いてみましょう。まず，反応における主たる物質のSiF$_4$の係数を仮に$a = 1$としますと，両辺のFを比較して，$c = 2/3$となります。次に，Hを比較して，$b = c$ですから，$b = 2/3$，$d = b/2 = 1/3$となります。

$SiF_4 + \dfrac{1}{3} H_2O \rightarrow \dfrac{2}{3} H_2SiF_6 + \dfrac{2}{3} SiO_2$

これを整理して，両辺を3倍します。

$3 SiF_4 + 2 H_2O \rightarrow 2 H_2SiF_6 + SiO_2$

正解　1

Q6：化学反応式の係数は，どうやって決めたらよいのですか？

【問題2】 次の反応式の係数はどのようになるか。
$a\text{NH}_4\text{SCN} + b\text{NH}_4\text{Fe}(\text{SO}_4)_2 \rightarrow c\text{Fe}(\text{SCN})_3 + d(\text{NH}_4)_2\text{SO}_4$

選択肢	a	b	c	d
1	3	1	1	2
2	2	3	1	3
3	3	2	2	4
4	2	3	2	5
5	1	3	2	4

解説

　これも，方程式で解いてもよいのですが，この反応は元素単位というよりも，アンモニウム基NH_4やチオシアン酸根SCN，硫酸根SO_4が形を崩していませんので，それらをまとめて扱う方が楽でしょう。

　そこで$a = 1$とおきますと，SCN基を比較して$c = 1/3$，Feを比較して$b = c = 1/3$となります。最後にSO_4を比較しますと，$d = 2b = 2/3$

　これらをまとめ，さらに式の全体を3倍しますと，

　　$3\text{NH}_4\text{SCN} + \text{NH}_4\text{Fe}(\text{SO}_4)_2 \rightarrow \text{Fe}(\text{SCN})_3 + 2(\text{NH}_4)_2\text{SO}_4$

　大気の勉強の一端として，この反応式について若干の説明を付しておきますと，この反応は塩化水素の分析の際に用いられる反応です。硝酸銀溶液で塩化銀を沈殿滴定する際に，過剰の硝酸銀をチオシアン酸アンモニウム溶液で滴定する際の指示薬が硫酸鉄（Ⅲ）アンモニウム溶液なのです。チオシアン酸鉄$\text{Fe}(\text{SCN})_3$の赤橙色を確認して終点とします。

正解　1

第4編　大気関係の共通事項

第4編　大気関係の共通事項

Q7 反応式を用いて反応量を求める計算の方法を教えて下さい。

A. 化学反応式をもとにして，物質の反応量や生成量を求める問題は公害防止管理者の国家試験の問題にも出題されますね。モルの考え方を用いて，物質の量を求めます。例えば，

$$aA + bB \rightarrow cC + dD$$

という反応式においては，a モルの A と b モルの B とが反応して，c モルの C と d モルの D とが生成します。

以下，問題の例をもとに学習してみましょう。

【問題1】 10 kg のベンゼンを完全燃焼させると，二酸化炭素と水蒸気がそれぞれ，何 m^3_N 発生するか。ただし，C=12, H=1 とする。

選択肢	二酸化炭素	水蒸気
1	16.4 m^3_N	7.8 m^3_N
2	16.8 m^3_N	8.2 m^3_N
3	17.2 m^3_N	8.6 m^3_N
4	17.6 m^3_N	9.0 m^3_N
5	18.0 m^3_N	9.4 m^3_N

💡 解説

まず，反応式を書きましょう。ベンゼンを C_6H_6 と書きますと，完全燃焼ですから，二酸化炭素と水蒸気になります（本編・Q6の方法ですね）。

$$2 C_6H_6 + 15 O_2 \rightarrow 12 CO_2 + 6 H_2O$$

ベンゼンの分子量を求めますと，$C_6H_6 = 78$ となりますので，そのモル数は，

10 kg ÷ 78 g/mol = 128.1 mol

反応式から二酸化炭素はこの6倍，水蒸気は3倍のモルだけ発生しますので，それぞれを体積に換算しますと，（m^3_N という単位については，第5編・Q2（p 143）をご参照ください）。

二酸化炭素：128.1 mol × 22.4 L_N/mol = 17,217 L_N = 17.2 m^3_N

水蒸気：128.1 mol × 22.4 L_N/mol = 8,608 L_N = 8.6 m^3_N

正解　3

Q7：反応式を用いて反応量を求める計算の方法を教えて下さい。

【問題2】 水酸化ナトリウム40gが理論的に吸収できる塩素ガスは標準状態でどのくらいか。ただし，NaOH＝40とする。

1．5.6L　　　　2．11.2L　　　　3．22.4L
4．33.6L　　　5．44.8L

解説

　まず，塩素ガスと水酸化ナトリウムの反応式を書いてみます。少し難しい点は，反応して塩化ナトリウムだけができるのではないということです。塩素は水に溶けて塩化水素（塩酸）と次亜塩素酸になりますので，次のようになります。

$$Cl_2 + H_2O \rightarrow HCl + HClO$$

これらのそれぞれが水酸化ナトリウムと中和反応をします。

$$HCl + NaOH \rightarrow NaCl + H_2O$$
$$HClO + NaOH \rightarrow NaClO + H_2O$$

これらをまとめますと，

$$HCl + HClO + 2NaOH \rightarrow NaCl + NaClO + 2H_2O$$

最初の塩素ガスからの反応として整理しますと，最終的には次のようになります。

$$Cl_2 + 2NaOH + H_2O \rightarrow NaCl + NaClO + 2H_2O$$

したがって，反応効率が100％の場合では，2モルの水酸化ナトリウムが，1モルの塩素ガスを吸収することがわかります。40gの水酸化ナトリウムは1モルですから，吸収できる塩素ガスは0.5モルになります。1モルの気体は標準状態で22.4Lを占めますから，0.5モルの塩素は11.2Lです。

正解　2

第4編　大気関係の共通事項

第4編　大気関係の共通事項

Q8 物質収支とは，どういうことですか？どういうところで役に立つのですか？

A. 物質収支とは

物質収支とは「収支」ですから，家計簿の収支と話はほぼ同じです。工場のプロセスや自然界の特定の領域において，入るものと出るものとがバランスを保つことを言います。収入と支出の他に，貯金することや失くしてしまうこともありますから，基本はある領域において，

［入ってきたもの］＝［出てゆくもの］＋［たまったもの］＋［失くなったもの］

という単純な関係になります。

物質収支はどんなところで使えるのですか？

　物質収支は，データさえあれば，大気関係では，排ガスの除害装置や洗浄塔などの処理工程にも，また，ある地域の大気に適用することなども可能です。
　さらに，公害防止管理者になられた暁にはお仕事にも十分役に立つ知見，あるいは技術となります。
　以下，関連する問題を載せますので，物質収支の事例として学習して下さい。

Q8：物質収支とは，どういうことですか？どういうところで役に立つのですか？

【問題1】 排ガス処理施設において，排ガス G [m³/s] を洗浄水 F [m³/s] で洗浄している。排ガス中の汚染物質の濃度が y_0，洗浄水中の濃度が x_0 とする時（一般に $x_0 = 0$），洗浄後の排ガス濃度を y_1 とする場合には，洗浄後の排水濃度 x_1 は他の変量で表すとどのようになるか。
ただし，この洗浄塔の前後でガス量および水量は変化しないものとする。

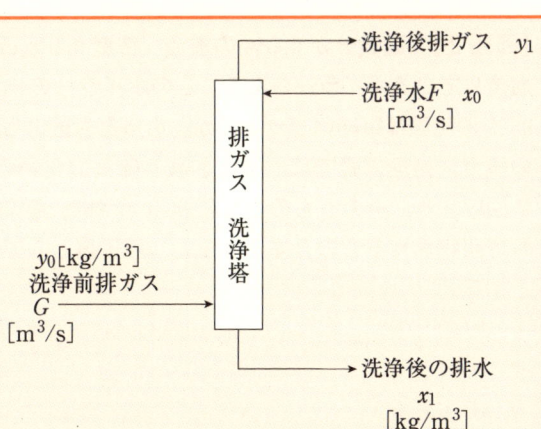

洗浄前排ガス y_0 [kg/m³] G [m³/s]
洗浄後排ガス y_1
洗浄水 F x_0 [m³/s]
洗浄後の排水 x_1 [kg/m³]

1. $x_0 + \dfrac{G}{F}(y_0 - y_1)$　　2. $x_0 + \dfrac{F}{G}(y_0 - y_1)$

3. $y_0 + \dfrac{G}{F}(x_0 - y_1)$　　4. $y_0 + \dfrac{F}{G}(x_0 - y_1)$

5. $y_1 + \dfrac{G}{F}(x_0 - y_0)$

解説

洗浄塔の前後で物質収支を取ります。塔の中では，たまったり失われたりすることはないものと考えます。
洗浄塔に入る汚染物質の量は，

　　$Gy_0 + Fx_0$

また，洗浄塔から出る汚染物質の量は，

　　$Gy_1 + Fx_1$

これらが等しいはずですから，等置して，

　　$Gy_0 + Fx_0 = Gy_1 + Fx_1$

　∴　$G(y_0 - y_1) = F(x_1 - x_0)$

問われているものは洗浄後の排水の濃度 x_1 ですから，

　　$x_1 = x_0 + \dfrac{G(y_0 - y_1)}{F}$

正解　1

第4編　大気関係の共通事項

【問題2】 硫黄分が 0.5% の重油（密度 0.9 g/cm³）を毎時 100 リットル燃焼しているボイラーがある。このボイラーの排ガス処理として得られる 96% 濃硫酸は毎時何リットルか。もっとも近いものを答えよ。ただし，この排ガス処理方式では，排出される硫黄酸化物のうち 90% が希硫酸として回収され，そのうちのさらに 90% が 96% 濃硫酸（密度 1.83 g/cm³）として回収されるものとする。また，原子量として，S＝32，O＝16，H＝1 とする。

1. 0.42 L/h　　2. 0.53 L/h
3. 0.64 L/h　　4. 0.75 L/h
5. 0.86 L/h

解説

これもボイラーに入る硫黄分とボイラーから出る硫黄分とを等しいと置く式を立てることになりますね。ここでもたまったり，消失したりはしないものと考えます。

まず，ボイラーに入る硫黄分の量は，1 g/cm³ ＝ 1 kg/L ですから，

$$100\,\text{L/h} \times 0.9\,\text{kg/L} \times \frac{0.5}{100} = 0.45\,\text{kg/h}$$

一方，濃硫酸中の硫黄分は，まず硫酸 H_2SO_4 の中には，

$$\frac{32}{1 \times 2 + 32 + 16 \times 4} = 0.327\,\text{kg/kg}$$

の硫黄分がありますので，96% 濃硫酸の量を F [L/h] としますと，

$$F\,[\text{L/h}] \times 1.83\,\text{kg/L} \times \frac{96}{100} \times 0.327\,\text{kg/kg} = 0.574\,\text{kg/h}$$

重油中の 0.45 kg/h の硫黄分のうち回収率を考慮して，これらを等しいと置きます。

$$0.45\,\text{kg/h} \times \frac{90}{100} \times \frac{90}{100} = 0.574\,F\ [\text{kg/h}] \quad \text{これより，} F = 0.635\,\text{L/h}$$

正解　3

【問題3】 図に示されるような排ガス中の粉じんの捕集装置 n 個が直列に接続されている工程がある。その各々の捕集装置の捕集効率はすべて η であるとする時，工程全体の捕集効率はどのようになるか。

1. $n\eta$　　2. $1 - n(1-\eta)$　　3. $(1-\eta)^n$
4. $(1-\eta)^{n+1}$　　5. $1-(1-\eta)^{n+1}$

Q8：物質収支とは，どういうことですか？どういうところで役に立つのですか？

```
  →[ 1 ]─1−η→ ··· →[ i ]─1−η→ ··· →[ n ]─1−η→
     ↓η           ↓η           ↓η
```
直列粉じん捕集装置

解説

装置の数が n 個と言われると考えにくい気もしますが，一つずつ考えていきましょう。第1番目の捕集装置に入る排ガスに含まれる粉じん量を F_0 とし，第 i 番目の捕集装置に入る排ガスに含まれる粉じん量を F_i としますと，第1番目の捕集装置の収支として，次の収支式が成り立ちます。

　　入る粉じん量 F_0＝捕集粉じん量 ηF_0＋次装置に行く粉じん量 $(1-\eta)F_0$

従って，F_0 と F_1 との関係は，

　　$(1-\eta)F_0 = F_1$
　　$(1-\eta)F_1 = F_2$
　　……
　　$(1-\eta)F_i = F_{i+1}$
　　……
　　$(1-\eta)F_n = F_{n+1}$

これらの式を使って，F_{n+1} を順に前の工程の粉じん量で表しますと，

　　$F_{n+1} = (1-\eta)F_n = (1-\eta)^2 F_{n-1} = \cdots = (1-\eta)^{n+1} F_0$

ここで，$(1-\eta)$ の肩の上の数字と F の添え字の数字の和が常に一定であることに気をつけます。

求めるべき工程全体の捕集効率は，

$$\frac{F_0 - F_{n+1}}{F_0} = \frac{F_0 - F_0(1-\eta)^{n+1}}{F_0} = 1 - (1-\eta)^{n+1}$$

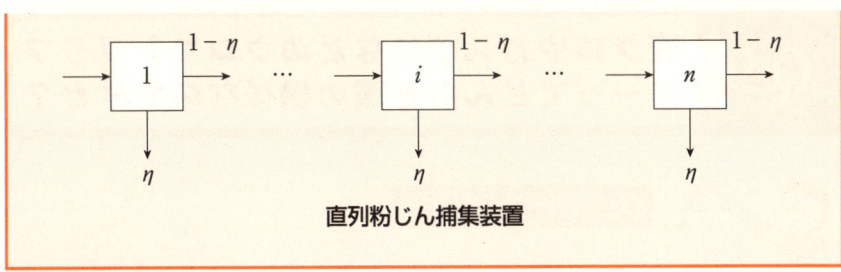

ここで，検算として $n=0$ の時，捕集効率が η になっていることや $\eta=1$ の時，捕集効率が1になっていることを確認して安心します。

正解　5

第4編　大気関係の共通事項

第４編　大気関係の共通事項

Q9 液クロやガスクロなどのクロマトグラフィーってどんな原理の機械なのですか？

A. クロマトグラフィー

クロマトとは，語源としては本来「多彩な」，つまり「多色の」という意味です。「一色の」という意味でモノクロという言葉もありますね。化学分析では，固定相と移動相とからなる測定機器に「多くの」成分が混じっているサンプルを流し，化学的な作用で分配する性質によって各成分を分離する方法を言います。分離と言っても，実際には移動相の中を，時間的に分かれながら流れていく形の分離になります。もっと平たく言いますと，固定相と接触しながら流れる移動相の中にある成分が，固定相とのなじみやすさ（親和性）の違いによって早く流れたり遅く流れたりすることになります。

クロマトグラム

　クロマトグラフィーにおいて検出器（濃度に依存する量を定量的に示す機器）によって描かれる図（チャート）をクロマトグラムと言います。試料を注入してから検出器に到達するまでに要する時間を保持時間と言います。これは成分に対応するものですので，それによって物質の同定を行うことができます。
　次ページの図の t_0 は，吸着分配に無関係に流路を流れるのに必要な時間で，デッドボリュームに対応する時間とされます。成分１の保持時間が t_1 なら，固定相中にこの成分が時間 t_1-t_0 だけあったことになります。チャートに示された山をピークと呼び，その高さ h とピークの半分の位置の幅 w とが重要で，この w を半値幅と呼びます。このピークの面積がその成分の量に比例します。このピークを三角形で近似しますと，その面積は hw となりますね。より正確には，以前はこのチャートを書き出した紙を切り絵のように切って成分ごとの重さを測ったりしていましたが，近年ではコンピュータで面積を求められるようになっています。

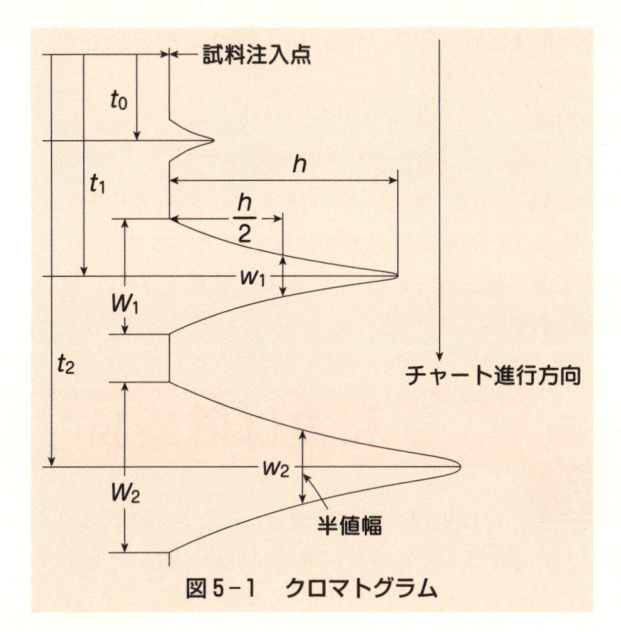

Q9：液クロやガスクロなどのクロマトグラフィーってどんな機械なのですか？

図5-1　クロマトグラム

ガスクロマトグラフ

　ガスクロ，あるいはGCと略称されます。移動相（キャリアーガス）として一般に不活性ガスである窒素やヘリウムガスが用いられます。
　固定相には，カラム（充てん物）として，次の2種類が用いられることが多いです。

・充てんカラム（パックドカラム）：
　内径3mm程度，長さ1～3mのガラス管あるいはステンレス管に活性炭などの吸着剤や固定相液体を含浸させたけい藻土などを充てんしたものです。

・キャピラリーカラム：
　内径0.2～0.5mm程度，長さ10～50mの溶融石英の細管の内壁に固定相となる液体を塗布したものです。

ガスクロマトグラフ用検出器の種類

・熱伝導度検出器（TCD）気体熱伝導度の差を利用して金属フィラメント・サーミスタの電気抵抗変化を検出します。

- **水素炎イオン化検出器（FID）** 水素炎中にイオンを発生させ，電極間のイオン電流変化を検出します。
- **電子捕獲検出器（ECD）** キャリヤーガスにβ線を照射して生じた電子の親電子化合物によるイオン電流変化を検出します。
- **炎光光度検出器（FPD）** 酸水素炎（酸素と水素を噴出させて得る炎）中にラジカルを発生させ酸水素炎の炎光強度を検出します。
- **アルカリ熱イオン検出器（FTD）** アルカリ金属をイオン化し，イオン電流変化を検出します。

喫茶室　和食は健康食？

　ほぼ世界一の長寿国となった最近の日本人の平均寿命は女性86歳（世界1位），男性79歳（世界4位）とされています。その理由はいろいろ挙げられると思いますが，長生きするには，医療水準もさることながら，病気にならない健康な体を作ることが大切ですね。近年，世界では，長生きする日本人の健康体の源でもある食生活に関心が集まっており，和食ブームとも言われます。

　健康を保つ理想的な食を突きつめていきますと，それは伝統的な日本食である和食に限りなく近いものとなっていくようです。米を主食とし，たんぱく質は魚と大豆と少しの肉から摂り，季節ごとの旬の野菜（葉菜，根菜）をしっかり食べて，海藻，山菜，キノコも食べます。栄養のバランスがよく，また食物繊維も十分に摂る食事となっています。

　皆さんも健康には十分に気をつけていただきたいと思います。

第5編
大気概論

どのような問題が出題されているのでしょう！
（出題問題数　10問）

1) ほぼ毎年出題されているものとして，次のような内容が挙げられます。
   - 大気汚染防止法関係　　1～3題
   - 特定工場関係　　　　　1題
   - 有害物質発生源　　　　1題

2) 毎年ではなくても，それに準じて出題されているものとしては，次のようなものがあります。

   - 環境基準関係
   - 排出基準関係
   - 光化学オキシダント
   - オゾン層破壊
   - 有害物質関係
   - 浮遊粒子状物質の生体影響
   - 有害物質の生体影響
   - 植物への影響
   - 大気汚染状況
   - 大気汚染対策
   - 地球環境問題

第 5 編　大気概論

Q1 大気の環境基準の項目とその水準はどうなっていますか？まとめて教えて下さい。

A. 大気関係環境基準

大気関係の環境基準をまとめておきます。

表5－1　大気関係環境基準

環境基準対象物質	化学式または記号	規制の時間区分			
		1時間値の1日平均値	1時間値の8時間平均値	1時間値	1年平均値
二酸化硫黄	SO_2	≦0.04 ppm	－	≦0.1 ppm	－
二酸化窒素	NO_2	≦0.04〜0.06 ppm	－	－	－
光化学オキシダント	－	－	－	≦0.06 ppm	－
一酸化炭素	CO	≦10 ppm	≦20 ppm	－	－
浮遊粒子状物質	SPM	≦0.10 mg/m³	－	≦0.20 mg/m³	－
ベンゼン	C_6H_6	－	－	－	≦3 μg/m³
トリクロロエチレン	$Cl_2C=CHCl$	－	－	－	≦200 μg/m³
テトラクロロエチレン	$Cl_2C=CCl_2$	－	－	－	≦200 μg/m³
ダイオキシン類	略	－	－	－	≦0.6 pg-TEQ/m³
ジクロロメタン	CH_2Cl_2	－	－	－	≦150 μg/m³
微小粒子状物質	PM 2.5	≦35 μg/m³	－	－	≦15 μg/m³

以下ここで表に現れましたいくつかの用語の説明をしておきましょう。

Q1：大気の環境基準の項目とその水準はどうなっていますか？教えて下さい。

1時間値

大気中の汚染物質の測定において，60分間試料吸引を続けて測定する場合の測定値のことを言います。一般に，その数値は60分の時間幅の後ろの時刻のものとされます。1年平均値は，1時間値の1年間の平均値となります。

光化学オキシダント

光化学スモッグの際に生成する酸化性物質の総称で，オキシダントとは酸化剤という意味です。工場や自動車から排出される窒素酸化物および炭化水素類（揮発性有機化合物）を主体とする一次汚染物質が，太陽の紫外線照射を受けて光化学反応を起こして，オゾンなどの酸化性物質やアルデヒドなどの還元性物質といった二次汚染物質（ほとんどがオゾン）を生成します。

浮遊粒子状物質（SPM）および微小粒子状物質（PM2.5）

大気中に浮遊している粒径 $10\,\mu m$ および $2.5\,\mu m$ 以下の粒子状物質のことです。発生源は工場のばい煙，自動車排気ガスなどの人間活動に伴うものに加えて，自然界に由来する海塩の飛散，火山，森林火災などがあります。

ダイオキシン類

公害防止の立場では，次の3種類の化学物質を指します（分野によっては，Co-PCBをダイオキシン類似化合物として別分類する立場もあります）。Clの下付きのmやnはその環に付加している塩素の数を表します。

① ポリクロロジベンゾ-パラ-ジオキシン（PCDD）
② ポリクロロジベンゾフラン（PCDF）
③ コプラナーポリクロロビフェニル（Co-PCB）

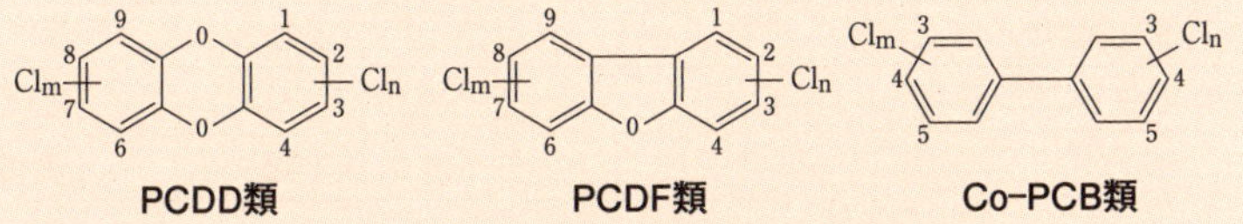

図5-1　ダイオキシン類の化学構造

第5編　大気概論

第5編　大気概論

Q2 大気の環境基準には，その単位がppmで示されるものと，mg/m³で示されるものとがありますが，どのように区別されているのですか？また，それらの間の換算はどのようにしたらいいのですか？

A. 大気の環境基準

大気の環境基準は，Q1（p140）で出てきましたように次の11項目に対して定められています。（ ）内はその基準の単位です。

- 二酸化硫黄（ppm）　　　・一酸化炭素（ppm）
- 浮遊粒子状物質（mg/m³）　・二酸化窒素（ppm）
- 光化学オキシダント（ppm）　・ベンゼン（mg/m³）
- トリクロロエチレン（mg/m³）　・テトラクロロエチレン（mg/m³）
- ダイオキシン類（pg-TEQ/m³）　・ジクロロメタン（mg/m³）
- 微小粒子状物質（μg/m³）

（注）ダイオキシン類は少し特殊な単位が使われていますが，意味は重さを体積で割った単位（mg/m³）と同様だとご理解下さい。

ppmとmg/m³

確かに，大気の環境基準には，次の表のように2種類の表示がありますね。それらの物質の沸点とともに整理してみますと，

表5-2　ppm表示のものとmg/m³・μg/m³表示のもの

ppm表示		mg/m³・μg/m³表示	
物質名	沸点	物質名	沸点
二酸化硫黄	−10℃	粒子状物質（2種）	物質種多数
一酸化炭素	−192℃	ベンゼン	80℃
二酸化窒素	21℃	トリクロロエチレン	87℃
光化学オキシダント	多成分	テトラクロロエチレン	121℃
		ダイオキシン類	多種
		ジクロロメタン	40℃

> Q2：ppmで示されるものとmg／m³で示されるものの違いを教えて下さい。

このように見てみますと，この中で光化学オキシダントだけはわかりにくいですが，他の物質は全て沸点が常温（25℃程度）を境に区別されているように思われます。光化学オキシダントもオゾンなどの反応物が多いので，ほぼ25℃以下に分類されると見ればよいでしょう。つまり，常温で気体であるかどうかという点で区別されていると見てよいのではないでしょうか。常温で固体が多いと思われる浮遊粒子状物質も，塩素を含むため沸点の高いダイオキシン類の各種類も，その区別でよいと思われます。

ppmは100万分の1ということですが，基本的に100分の1のパーセントと同様に，同じ単位の全体量と同じ単位の部分量の比率のことですね。100人中5人なら，5％＝50,000ppmとなります。その場合のppmは人／人というppmと言えます。そのような書き方でいうと，物質の濃度の場合のppmには，重さ／重さ（w/w），体積／体積（v/v），モル／モル（mol/mol）などがあります。

ここでは，大気の環境基準ですので，空気中の物質濃度を示すことになります。気体の場合，体積／体積とモル／モルは，本来同じ値になりますので，これによるppmがまずは自然ですね。

しかし，常温で気体でない物質は，重さで示すことが普通だと考えますと，空気は体積で示すのがよいので，重さ／体積という形になります。これは％やppmで表すことはできません。そのため，g/m³やmg/m³が用いられることになります。ここで，m³は標準状態（0℃，1気圧）で表すもので，正しくは，m³$_N$（ノルマルリューベと読みます。添え字のNは標準状態という意味）と書きますが，通常は添え字のNは省略されることも多くなっています。

また，ダイオキシンで用いられるpg-TEQは，多種ある成分ごとに毒性が異なりますので，その代表物質の毒性等価量で合計したものとお考え下さい。

濃度単位の換算

気体は物質にかかわらず標準状態（0℃，1気圧）では，1モルが22.4L$_N$（L$_N$はノルマルリットル）ですが，体積あるいはモルを重さに換算する訳ですから，その物質の分子量が必要になりますね。分子量は一般に単位をつけない量とされていますが，意味を考えますと［g/mol］ということになります。この単位を付けて考えるときには，モル質量という言い方が正式です。

基本式は（通常，理想気体と仮定しますので），化学でよく出てくる次の状態方程式となります。

第5編　大気概論

$$pV = nRT$$

あるいは,

$$pV = \frac{w}{M}RT$$

ですね。ここに, p は圧力, V は体積, n はモル数, w は重さ, M は分子量, R は気体定数, T は絶対温度です。

この式によって, 体積 (V) を重さ (w) に変換します。次の問題で練習してみて下さい。

【問題】　一酸化炭素の濃度 10 ppm を mg/m³ に変換せよ。ただし, CO＝28 とする。
1. 6.4 mg/m³
2. 9.5 mg/m³
3. 12.5 mg/m³
4. 16.7 mg/m³
5. 20.3 mg/m³

💡解説

　10 ppm ということは, 空気の分子 1,000,000 個（正しくは, 酸素と窒素の分子 999,990 個）に, 10 個の一酸化炭素分子があるということです。空気は重さに変えなくてもよいので, 空気 1 m³$_N$ のモル数を出してみますと, 1 モルが 22.4 L$_N$ ですので,

$$\frac{1\,\mathrm{m^3_N}}{22.4\,\mathrm{L_N}} \times 10^3 \mathrm{L_N/m^3} \qquad [\mathrm{mol}]$$

一酸化炭素のモル数はその 100 万分の 10 ですから,

$$\frac{1}{22.4} \times 10^3 \times \frac{10}{10^6} \qquad [\mathrm{mol}]$$

その重さは, 28 g/mol を掛けて, さらに mg に直しますと,

$$\frac{10^3}{22.4} \times \frac{10}{10^6} \times 28\,\mathrm{g/mol} \times 10^3 \mathrm{mg/g} = 12.5\,\mathrm{mg}$$

これが, 1 m³$_N$ の空気中にあるのですから, 12.5 mg/m³ となります。

　以上を簡単に書きますと, 分子量 M の物質濃度が x [ppm＝cm³/m³] である場合には, その換算された濃度 y [mg/m³] は,

$$y = \frac{Mx}{22.4} [\mathrm{mg/m^3}]$$

となります。

Q2：ppmで示されるものとmg/m³で示されるものの違いを教えて下さい。

逆に，y[mg/m³]の物質をppmに換算する場合には，

$$x = \frac{22.4\,y}{M}\,[\text{ppm}]$$

となります。

正解　3

$$y\,[\text{mg/m}^3] = \frac{M\,[\text{g/mol}] \times x\,[\text{cm}^3/\text{m}^3] \times 10^3\,[\text{mg/g}]}{22.4\,[\text{L/mol}] \times 10^3\,[\text{cm}^3/\text{L}]} = \frac{Mx}{22.4}$$

第5編　大気概論

このように単位をつけて考えると安心できますね

1ppm = 1cm³/m³
1g = 10³mg
1L = 10³cm³

という関係がありましたよね

第5編 大気概論

Q3 大気関係で出てくる K 値規制とはどういう規制なのですか？

A. K 値規制とは

K 値規制とは，大気汚染防止法のばい煙発生施設から排出される硫黄酸化物の規制に用いられる方式のことです。これは，大気汚染の程度によって全国を16段階の地域に分け，それぞれに係数としての K 値を定め，次に示します計算式により求められた許容量を超える硫黄酸化物の排出を制限するものです。全てのばい煙発生施設に対して適用され，施設が集合して設置されている地域ほど規制が厳しく，その値も小さくなっています。

$$Q = K \times 10^{-3} \times H_e^2$$

ここで，Q：硫黄酸化物の許容排出量 $[m^3{}_N/h]$
K：地域ごとに定められた定数 $[-]$
H_e：ばい煙排出口の有効煙突高さ $[m]$

最も厳しい地域（ランク1）では，$K = 3.0$ となっており，それが適用されるところは次の地域です。

東京特別区等，横浜・川崎等，名古屋等，四日市等，大阪・堺等，神戸・尼崎等

有効煙突高さ

有効煙突高さとは，煙突から排出されるガスが，それ自身が持つ熱と吐出速度によるモーメント力により一定高さまで上昇した後に，風による拡散を始めると考えて，排出される初期高さのこと。つまり，排出ガス温度が周囲の気温より高い分と，吐出される運動量の分だけ，実際の煙突高さ H_0 よりも高い位置から排出されるとみなす煙突高さのことです。H_e と書かれて次の式によります。H_t や H_m を求める専門的な計算式もありますが，パスして下さい。

$$H_e = H_0 + k(H_t + H_m)$$

ここに，H_t：気体温度差に相当する煙突高さ $[m]$
H_m：排出ガス運動量に相当する煙突高さ $[m]$

Q3：大気関係で出てくるK値規制とはどういう規制なのですか？

k：定数（一般に，0.65が採用されます）

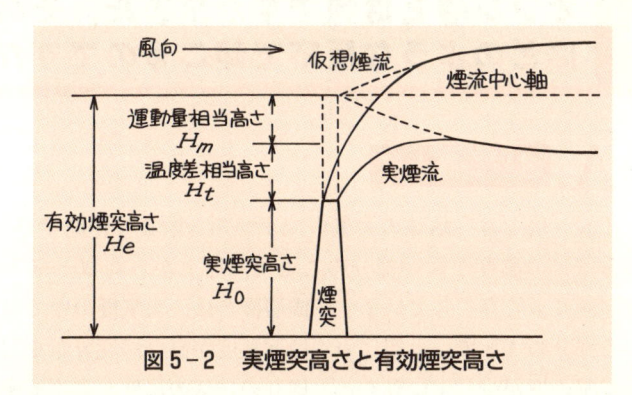

図5-2　実煙突高さと有効煙突高さ

【問題】 K値が3.0と規定されている地域にあるばい煙発生施設の煙突の高さが50 mであるという。この施設において，運動量相当の煙突高さが15 m，温度差相当の煙突高さが25 mであったとすると，この施設から排出することが許される硫黄酸化物の量はどれだけか。ただし，$k=0.65$とする。

1. 14.9 m^3_N/h
2. 16.1 m^3_N/h
3. 17.3 m^3_N/h
4. 18.5 m^3_N/h
5. 19.7 m^3_N/h

解説

まず，有効煙突高さを求め，次にK値規制の式に代入して計算します。

$$H_e = H_0 + k(H_t + H_m)$$
$$= 50 + 0.65(25 + 15) = 76 [m]$$
$$Q = K \times 10^{-3} \times H_e^2$$
$$= 3.0 \times 10^{-3} \times 76^2$$
$$= 17.3 \ m^3_N/h$$

正解　3

第5編　大気概論

第5編　大気概論

Q4 オゾン層とは何ですか？また，その破壊はどのような反応で起こるのですか？

A. オゾン層とは

　オゾン層とは，地球の大気中でオゾン（酸素の仲間でO_3という形の分子）の濃度が高い部分のことで，地上から約20～50 kmほどの成層圏に多く存在しています。成層圏とは，大気圏の中で層を成している部分のことで，上空にいくほど温度が高い温度分布をしています。ですから，空気の塊（かたまり）が少し上に動くと，周りの空気の温度が高くて密度が低いので，もとの位置に押し下げられます。逆に少し下に動くと周りの空気の温度が低くて密度が高いので押し上げられます。その結果，空気の上下移動がほとんどないことになります。

　このオゾンの濃度が高い部分は，太陽からの有害な紫外線の多くを遮断（しゃだん）して，地上の生物を保護するという重要な役割を果たしています。これがフロン等によって破壊されますと，生物にとって重大な問題となります。

オゾン層の破壊

　塩素化炭化水素に属するフロンや四塩化炭素，クロロホルムなどは上空に上がっていくと紫外線（$h\nu$）によって分解されて活性な塩素原子を生み，これがオゾン層を破壊してしまいます。そのしくみは，簡単に書きますと，次のようになります。フロンの一種であるCFC 11（$CFCl_3$）を例にとって，

$$CFCl_3 + h\nu \rightarrow Cl^* + CFCl_2^*$$
$$Cl^* + O_3 \rightarrow ClO^* + O_2$$
$$2\,ClO^* + h\nu \rightarrow 2\,Cl^* + O_2$$

ここで，*という記号はラジカルと言って，結合相手のいない原子または原子団を意味しています。これらの反応をオゾンだけに限って整理してみますと，

$$2\,O_3 \rightarrow 3\,O_2$$

となります。この酸素O_2には有害な紫外線を遮断する能力がありません。

　このように一度発生したCl^*というラジカルは，オゾンを酸素にした後で，またまたCl^*に戻り，何度でもオゾンを消してしまいます。たった1個でオゾ

Q4：オゾン層とは何ですか？また，その破壊はどのような反応で起こるのですか？

ン分子約10万個を連鎖的に分解していくと言われています。

オゾンホール

　このままオゾン層が破壊されていくと，地表まで届く有害な紫外線が増え，その影響によって皮膚がんや結膜炎などが増加すると考えられています。オゾン層が破壊されて薄くなり，南極上空ではそれが穴になっている所もあり，これをオゾンホールと言っています。南半球のオーストラリアやニュージーランドでは，オゾンホールの影響によってとくに紫外線が強くなっており，健康への影響も懸念されています。

オゾン層の現状

　気象庁の観測では，日本上空においても，オゾンの減少傾向が確認されています。しかし近年になってモントリオール議定書など，フロンガスの全世界的な協力による使用および製造の規制が功を奏したとみられ，オゾンは徐々にですが回復して再生されつつあるようです。このままオゾン層を守っていきたいものですね。

第5編　大気概論

> **Q5** 冷凍機の冷媒が洩れた時，アンモニアは軽いので冷凍機室の天井付近に，フロンは重いので部屋の床にたまると聞いたけど，なぜフロンはあんなに上空のオゾン層まで上がっていってオゾン層破壊をするのですか？

A. 分子量の大きいガスは重いガス

　たしかに冷凍機の冷媒では，分子量が約29の空気より，軽いアンモニア（分子量17）は天井付近に，重いフロンは床にたまると教えられ，安全対策もそれを考慮しなければなりませんね。フロンは原子量35.5の塩素を含みますので，空気よりかなり重い物質ですね。

なぜフロンは上空のオゾンを破壊するのか？

　重いガスが下にたまり，軽いガスが上に上がるというのは，ガスのかたまりの場合の話です。重いガスでも軽いガスでも，ガスどうしがいったん均一に混ざってしまうと，それぞれの分子がかなり激しい分子運動をして動き回っていますので，必ずしも重いものが下というわけではなく，均一な濃度が維持されます。その証拠に，分子量32の酸素と分子量28の窒素とが混ざっている空気において，地上に近いほど酸素濃度が濃いなどということにはなりません。
　二酸化炭素の分子量は44とさらに大きいのですが，地上にたまって酸欠になったというニュースを聞いたことがありません。しかし，一度に100％近い二酸化炭素が設備から噴出したという場合には，酸欠事故の心配があります。
　以上のような理由で，いったん空気中に混ぜられたフロンガスは，どんどん上空に上がっていくというより，フロンガス濃度が薄くても，もっと濃度の薄い上空の空気の方に少しずつ移動して均一濃度になるようにという動きをします。つまり，相対的に濃いところから薄いところへ一部のフロンガスが動くのです。このようにして地上も上空も同じような濃度になるということです。
　そして，濃度は薄いものの，少しだけでもオゾン層に到達した少量のフロン

Q5：なぜフロンは上空のオゾン層まで上がってオゾン層破壊をするのですか？

ガスが，連鎖反応機構のために，多数のオゾン分子を破壊して酸素にしてしまうことになります。そこで生じた酸素に毒性はありませんが，オゾンのように宇宙からの紫外線を含む有害な放射線を遮断してくれる能力もないので，地上に住む人も動植物も有害な放射線にさらされることになります。

第5編 大気概論

【問題】 ウィーン条約に基づき，オゾン層を破壊するおそれのある物質を特定し，該当する物質の生産，消費及び貿易を規制することをうたっている議定書は次のうちどれか。
1．ヘルシンキ議定書
2．オスロ議定書
3．ソフィア議定書
4．モントリオール議定書
5．EMEP 議定書（欧州監視評価計画議定書）

解説

有名なものもそうでないものも挙がっていますが，オゾン層破壊物質の規制は，肢4のモントリオール議定書ですね。オゾン層を破壊するおそれのある物質を特定し，該当する物質の生産，消費及び貿易を規制することをねらいとしています。具体的には，成層圏オゾン層破壊の原因とされるフロン等の環境中の排出抑制のための削減スケジュールなどの規制措置を定めています。

ちなみに，（必ずしもモントリオール議定書ほどおぼえる必要はありませんが）その他の議定書を解説しておきますと，

ヘルシンキ議定書（1985年採択）：
　長距離越境大気汚染条約に基づく硫黄酸化物排出削減に関する議定書で，1985年に採択され1987年に発効しました。第二議定書とも言われます。

オスロ議定書（1994年採択）：
　やはり長距離越境大気汚染条約に基づく，硫黄酸化物削減に関する議定書。

ソフィア議定書（1988年採択）：
　長距離越境大気汚染条約に基づく，窒素酸化物削減に関する議定書。

欧州監視評価計画議定書（1984年採択）：
　ヨーロッパにおける大気汚染物質の広域移流を監視，評価するための協力計画議定書。EMEP議定書。

正解　4

第5編 大気概論

Q6 二酸化炭素は水に溶けると炭酸になりますが，昔から大気中にあるのに酸性雨の原因とされていないのはなぜですか？

A. 酸性雨とは

　酸性雨とは，環境問題の一つとして問題視されている現象でかなり有名ですね。大気汚染が原因で降ってくる酸性の雨のことを指します。酸性の雪は酸性雪，酸性の霧は酸性霧と呼ばれることもあります。

　酸性雨は，湖沼を酸性化して魚類の生育を脅かしたり，土壌を酸性化して，植物に有害なアルミニウムや重金属イオンを溶け出させます。とくに，ヨーロッパや北米を中心に森林を枯らしており，ドイツのシュヴァルツヴァルトが酸性雨被害の深刻な森として有名ですね。ヨーロッパでは酸性雨のことを「緑のペスト」と呼び，近年酸性雨被害が報告されている中国では「空中鬼」の異称を持っています。日本は，石灰質の土壌が多いこともあって，それほど深刻な酸性雨被害の報告はありません（群馬県赤城山，神奈川県丹沢山地などでの森林の立ち枯れなどが認められていますが，これらは単純な酸性雨というより，光化学オキシダントのような広義の酸性雨（酸性降下物）の影響が強いのではないかと言われています）。

炭酸が酸性雨の原因にならない理由

　炭酸は弱い酸である弱酸ですので，最も酸性度が高くなってもpHで5.6にしかなりません。このpHでは，とくに生物に大きなダメージを与えることにはならないので，問題視されていません。酸性雨の定義は，炭酸が与えるpH 5.6よりpHの低い（酸性度の高い）雨とされています。

現実の酸性雨の原因

　実際，主に酸性雨の原因となっているのは，化石燃料の燃焼や火山活動などにより発生する硫黄酸化物（SOx）や窒素酸化物（NOx），塩化水素（HCl）などです。これらが大気中の水や酸素と反応することによって硫酸や硝酸，塩

Q6：二酸化炭素は昔から大気中にあるのに酸性雨の原因でないのはなぜですか？

酸などの強酸が生じ，通常の雨よりも強い酸にします。また，アンモニアは大気中の水と反応しアルカリ性となりますので，狭い意味での酸性雨の定義からは外れますが，降雨により土壌に運ばれた後に酸化されて硝酸等に変化することで，広い意味での酸性雨の一要因とされることもあります。

酸性雨を生じる反応式

水に溶けて強い酸を生じる反応式も同時に押さえておきましょう。

① **SOxの場合**（通常の燃焼ではまずSO_2が発生しますが，空気中の酸素によって酸化されSO_3に変化します。）

SO_2(二酸化硫黄) + H_2O → H_2SO_3(亜硫酸)

SO_3(三酸化硫黄) + H_2O → H_2SO_4(硫酸)

② **NOxの場合**（通常の燃焼ではまずNOが発生しますが，空気中の酸素による酸化でNO_2にも変化します。NOは水に溶けにくい性質です）

$2NO_2 + H_2O$ → HNO_2(亜硝酸) + HNO_3(硝酸)

③ **塩化水素の場合**

$HCl + H_2O$ → $H^+ + Cl^-$(塩酸) + H_2O

第5編　大気概論

Q7 火星や金星の大気には酸素があまりないようですが，地球の空気の酸素はどこからきたのですか？

A. 原始地球の大気は現在の火星や金星のような大気だった

　火星や金星の大気は，現在でも約95％の二酸化炭素と約5％の窒素からできています。地球も生まれた時はこれらとほぼ同様であったと考えられています。ですから，これらの星とは兄弟のようなものだと考えてもよいのでしょう。もっとも，太陽に一番近い水星は太陽に近すぎるためか，大気がかなり薄くなっています。また火星より外側を回っている木星や土星といった大きな惑星の大気は90％以上の水素と残りがヘリウムということで，内側の3つの惑星とはかなり異なっているようです。

地球の酸素が増えたのはなぜ？

　現在の地球の大気は，約80％の窒素と約20％の酸素とからできていて，火星や金星のそれとはかなり異なっていますね。この理由は，地球に誕生した生物活動のためであることは多くの方がご存知ではないでしょうか。どこからか多量に運ばれてきた水によって水惑星とも言われる地球で，30億年以上も前にシアノバクテリア（らん藻）という微生物が光合成を開始して，太陽エネルギー（$h\nu$）と大気中の二酸化炭素とから次の式のような反応で，有機物と酸素とを作り出したのです。

$$6\,CO_2 + 6\,H_2O + h\nu \rightarrow C_6H_{12}O_6 + 6\,O_2 \uparrow$$

酸素についている印↑は，気体になって飛んでいくことを意味しています。
　この酸素によって，まず地球が錆びたのです。地球が錆びるという表現には一瞬びっくりしますが，それまで鉄やアルミニウムなどの金属は，他のものと化合していなかったのです。つまり，単体と呼ばれる形でした。これが，どんどん発生した酸素と反応して，酸化鉄（$Fe_3O_4 = Fe_2O_3 + FeO$）や酸化アルミニウム（アルミナ Al_2O_3）などになったのです。現在の鉱山ではこれらのような酸化物を掘り出して，その後で酸素を除いて（還元して）金属にして使っています。このように地球が錆びた後も，酸素はどんどん作られて大気中の二酸化

Q7：火星や金星には酸素がないのに，地球の酸素はどこからきたのですか？

炭素はどんどん酸素に置き換えられていったのです。

第5編　大気概論

（図：大昔の地球では CO₂ と N₂ が大気の主成分で、金属（M），水（H₂O）があった。今の地球では N₂ と O₂ が主成分で、金属酸化物（MOₓ）と有機物（CₓHᵧOᵤ）がある。窒素「ぼくはほとんど変わっていないんだ」）

【問題】　原始地球の大気成分は，約20気圧の二酸化炭素と約1気圧弱の窒素であったとされている。現在の大気が約20%の酸素からなっているとすると，原始地球の大気中の二酸化炭素を構成していた酸素のうち，約何分の一が現在の大気中にあることになるか。ただし，地球の大気が占める体積は，歴史的にほぼ変化がないものとする。

1．10分の1　　　　2．20分の1　　　　3．30分の1
4．50分の1　　　　5．100分の1

解説

　化学計算，あるいはモル計算の基礎的な問題として考えていただきたいと思います。
　まず，本文にも書きましたように，次の光合成の反応式により，

$$6\,CO_2 + 6\,H_2O + h\nu \rightarrow C_6H_{12}O_6 + 6\,O_2 \uparrow$$

二酸化炭素1モルから酸素が1モル生成することがわかります。従って，気体の状態方程式 $pV = nRT$ から，体積 V が一定なら圧力 p とモル数 n は比例しますので，20気圧の圧力が0.2気圧（1気圧の20%）になったわけで，約100分の1に当たります。

正解　5

第5編　大気概論

Q8 世界や日本の歴史的な大気汚染事件について教えて下さい。

A. 世界の歴史的な大気汚染事件

表にまとめますと，次のようになります。いずれも気温の逆転という大気状態のときに起こっています｛第9編Q1（P 250）をご参照下さい｝。気温が逆転していると，大気が混ざりにくく，悪い空気がいつまでも停滞するという特徴があります。

表5-3　歴史的な世界の大気汚染事件

要因	名称	国名	発生年とその内容
二酸化硫黄	ミューズ渓谷事件	ベルギー	1930年。気温逆転時，工場排ガスが原因で60人が死亡。
	ドノラ事件	アメリカ	1948年。気温逆転時，工場排ガスが原因で17人死亡，14,000人が被害。
	ロンドン事件	イギリス	1952年。気温逆転時，石炭燃焼による大気汚染で死亡者多数，スモッグの起こりとなる。
硫化水素	ポザリカ事件	メキシコ	1950年。気温逆転時，工場から硫化水素が漏出して22人が死亡。
石油系燃料排ガス	ロサンゼルス・スモッグ	アメリカ	1944年以降。気温逆転時，目，鼻，気道，肺などの粘膜の症状。日常生活の不快感。

日本の歴史的な大気汚染事件

日本についても，同様にまとめます。主に銅を輸出していた日本の明治時代の銅山に始まり，その第二次世界大戦以降の経済復興の時代に，工業地帯を中心に全国的な汚染も広がりました。昭和40年代以降の国を挙げての公害対策でかなりの効果をあげましたが，近年，近隣国の大気汚染の影響と見られる現象もこの日本で起こっています。

Q8：世界や日本の歴史的な大気汚染事件について教えて下さい。

表5-4 歴史的な日本の大気汚染事件

要因	名称	地域	発生年とその内容
二酸化硫黄	足尾鉱毒事件	栃木県，群馬県の渡良瀬川周辺	1885年以降。明治時代に発生した日本の公害の原点。田中正造代議士の農民運動が有名。
	別子鉱毒事件	愛媛県新居浜市山麓部	1893年以降。煙害事件が発生。
	日立鉱毒事件	茨城県日立市	1910年以降。煙害事件が発生。操業短縮や高煙突化などの企業対応あり。
	四日市ぜん息	三重県四日市市	1961年頃から発生。工場群が原因，ぜん息被害多数。
光化学スモッグ		当初は大都市圏，近年では，地方で発生。	1970年代。運動中の中高校生が頭痛，しびれ，粘膜刺激症状，咳，呼吸困難等を訴え。21世紀に入って再び増加中（近隣国の影響とも見られています）。

【問題】 日本の近代工業化の初期である明治時代に水質汚染とともに大気汚染が起こったが，その主たる原因物質は次のうちのどれか。
1．二酸化窒素　　　　2．二酸化炭素　　　　3．二酸化硫黄
4．一酸化炭素　　　　5．二酸化塩素

解説

明治時代の鉱害として，銅山での銅鉱精錬により発生した二酸化硫黄による鉱毒事件が，日本の各地で起こりました。その主なものとして，足尾銅山，別子銅山，日立銅山（赤沢銅山）などがあります。

正解　3

第5編 大気概論

第5編　大気概論

Q9 環境基準の主旨や有害物質による影響，そして大気汚染物質の種類とその影響についてまとめて教えて下さい。

A. 環境基準と許容濃度

環境基準は，人の健康を保護し，生活環境保全において維持されることが望ましい基準です。閾値（これを超えると障害が出てくる濃度）のある物質についてはそれに基づいて決められます。閾値のない物質（ベンゼン等）の場合には，生涯リスクレベルとして 10^{-5}（10万人に1人が一生涯で影響を受けるという生涯リスク）が基礎となっています。

許容濃度は労働環境における基準です。環境基準は，保護対象に高齢者や幼児なども含めたものですが，許容濃度は働く人のためのもので，環境基準ほど厳しくない傾向にあります。

人に対する悪影響の6段階

人に対する悪影響として，次のような6段階が定められています。
第1段階：まったく影響が観察されない場合
第2段階：影響が見られるが可逆的である場合
第3段階：影響の可能性は不明の場合
第4段階：疾病との関連における影響が明白の場合
第5段階：疾病
第6段階：死亡

呼吸器の構造とその影響

① 吸入される空気の順路
　　気道部（鼻腔→咽頭→喉頭→気管→気管支）→呼吸部（肺胞）
② 肺胞でガス交換が行われます。
③ 気管には繊毛があり，その繊毛運動によって粒子等の異物を気道分泌物とともに咽頭の方に痰として運び出します。繊毛が有害物質によって損傷を受

Q9：有害物質や大気汚染物質とその影響についてまとめて教えて下さい。

けますと，大気疾患が起きやすくなります。
④　ガスの水溶解性とその影響
　SO_2などの水に溶けやすい気体は体液にも溶解しやすいため，主に上部気道（気道部）に影響を与え，NO_2やO_3など水に溶けにくいものは体液に溶解しにくく，下部気道まで到達して肺胞に影響を与えます。

大気汚染による疾患

次の4つを大気汚染疾患と言います。
① ぜん息性気管支炎　　　　　　　② 慢性気管支炎
③ 気管支ぜん息（気管・気管支の気道部）　④ 肺気腫（呼吸部）

表5-5　汚染物質とその影響

汚染物質	影　響
硫黄酸化物（SO_x）	水によく溶けて，鼻腔，咽頭，喉頭，気管，気管支等の上部気道が刺激されます。微粒子に吸着されて下部気道まで達することもあります。吸収されたSO_2は肝臓で解毒され硫酸塩として尿に排出されます。
窒素酸化物（NO_x）	NOよりもNO_2の方が毒性は強いです。水に溶けにくく下部気道まで入り，終末細気管支や肺胞に影響します。過酸化脂質が形成され細胞膜に障害を与えます。
一酸化炭素（CO）	強く血中ヘモグロビン（Hb）と結合し，酸素欠乏をもたらします。特に酸欠に敏感な中枢神経（特に大脳）や心筋に強く影響し，O_2-Hbの結合力に対して，CO-Hbは200〜300倍，シアンイオン-Hbは約600倍と言われます。
光化学オキシダント	主成分はO_3（90%以上）です。PAN（パーオキシアセチルナイトレート）は眼の結膜を刺激します。
浮遊粒子状物質	通常は上部気道でとどまる水溶性のガスも，微粒子が共存すると結合して下部気道まで達することがあります。また，微粒子の触媒作用によってSO_2が酸化されSO_3が生じることもあります。SO_3は水に溶けて硫酸となり毒性が高まります。
石綿（アスベスト）	吸入しますと，石綿肺，肺がん，悪性中皮腫，胸膜肥厚斑になる危険性が高まります。喫煙者は更に高まると言われています。

第5編　大気概論

Q 10 大気汚染が動植物やその他のものに与える影響には、どのようなものがありますか？

A. 植物への侵入

一般に植物が外界から物質を取り込むルートは葉と根の2つですが、大気汚染物質はそのうち葉からの吸収となります。高等植物の葉には、表面または裏面に50～300個/mm^{2}程度の気孔（空気の取り入れ口）があります。この気孔からCO_2の吸収や水分の蒸散を行って、その量の調節もします。夜間はほとんど閉じます。汚染物質や数μm以下の有害粒子も、気孔が開いていれば葉内に侵入し被害を与えます。

指標植物

特定の大気汚染物質に対して特に敏感な植物として指定されるもので、他の植物より早く大気汚染の影響を受けます。これらを観察することによって大気汚染の状況を早めに判断できます。

表5-6 汚染物質に対する指標植物

汚染物質	指標植物
硫黄酸化物	ソバ，ゴマ，アルファルファ，アカマツ
オゾン	ホウレンソウ，ラッカセイ，インゲンマメ，トウモロコシ，ハツカダイコン，アサガオ，サトイモ
ふっ素化合物	ソバ，ブドウ，グラジオラス
PAN（パーオキシアセチルナイトレート）	フダンソウ，ペチュニア（特に白花系）
エチレン	ゴマの落蕾（蕾が落ちること），カトレア（がくのしおれ），キュウリの花の変化
複合汚染	センタイ類（コモチイトゴケ，サヤゴケ）地衣類（ウメノキゴケ）

Q10：大気汚染が動植物などに与える影響には，どのようなものがありますか？

汚染物質による植物への影響

表にまとめますと，次のようになります。

表5-7　汚染物質による被害部分とその症状

汚染物質	被害部分	その症状
二酸化硫黄	葉肉部	葉脈間不定形斑点（はんてん） クロロシス（緑色を失って黄白色に）
オゾン	柵状（さくじょう）組織（海綿状組織とともに葉肉を作り光合成を行う組織）	葉の表面の白い小斑点 ひどくなると黄白色から褐色の不規則なそばかす状のしみ
ふっ素化合物	表皮，葉肉部	葉の先端・周縁枯死，クロロシス
PAN	海綿状組織	葉の裏面の青銅色，銀灰色などの金属光沢
エチレン	植物ホルモンの一種（成長・老化の促進作用があります）	特異的な影響と言われ，落果，落葉，花弁・がく弁のしおれ・退色，器官の老化，果実の成熟，開花の促進
二酸化窒素	葉肉部（二酸化硫黄と同様です）	葉脈間不定形斑点 クロロシス
塩素	表皮，葉肉部	葉の先端・周縁枯死，クロロシス

汚染物質による動物への影響例と器物への影響例

次のような事例がわかっています。

表5-8　汚染物質による動物への影響例

動物事例	ふっ素化合物の影響
ウシ	ふっ素入りの汚染飼料を摂取しますと，ふっ素中毒になって歯や骨に変化をきたします。
カイコ	ふっ素への感受性が高く，ふっ素付着の桑の葉を食べると，発育不良となって眠れず繭（まゆ）も作りません。

表5-9　汚染物質による器物への影響例

汚染物質	影響
オゾン	ゴムのひび割れ，染色繊維製品の褪色（たいしょく）（色あせ）
酸性雨	染色繊維製品の褪色，文化財や建造物の腐食
二酸化硫黄	文化財や建造物の腐食
硫化水素	文化財や建造物の腐食

第5編　大気概論

第5編　大気概論

Q11 大気関係の有害物質や特定物質の発生源について，その全体を教えて下さい。

A. 大気汚染物質の発生形態

① **天然要因**
　地理，気象に関連するもので，風による砂の舞い上がりなどが挙げられます。
② **人為的要因**
　産業や家庭生活に由来するものです。
③ **天然要因と人為的要因の複合**
　人為的なものが，自然の作用によって二次汚染物質となる場合で，光化学オキシダントなどが典型的な例です。

有害物質および特定物質の発生源

まとめて表に示します。表5-11の中で，φはベンゼン環を意味しています。

表5-10　有害物質とその発生源

有害物質	発生源
カドミウム，その化合物	亜鉛精錬，カドミウムメッキ，合金，ハンダ製造，窯業，ガラス製品製造
塩素，塩化水素	活性炭製造（塩化亜鉛活性化法），塩素化炭化水素の製造，塩素ガス製造，無機塩化物製造，さらし粉製造，有機ふっ素化合物製造
鉛，その化合物	鉛系顔料，鉛精錬，陶磁器焼成炉，クリスタルガラス溶解炉，鉛金属加工，鉛蓄電池製造
ふっ素，ふっ化水素，四ふっ化けい素	ふっ素，ふっ化水素やふっ化ナトリウムなどの製造，アルミニウム精錬，りん酸系肥料製造，フロン等の有機ふっ素化合物製造，氷晶石使用工程，ガラス製造
窒素酸化物	各種燃焼設備，テレフタル酸製造，硝酸製造，肥料製造，薬品製造

Q11：大気関係の有害物質や特定物質の発生源について，その全体を教えて下さい。

表5-11　特定物質とその発生源

分類	特定物質	発生源
窒素系化合物	アンモニア（NH_3）	窒素肥料，合成繊維原料
	シアン化水素（HCN）	合成繊維，石炭乾留，メッキ
	ピリジン（C_6H_5N）	石炭乾留，医薬品の中間体
	二酸化窒素（NO_2）	硝酸製造，ニトロ化合物製造
ふっ素系化合物	ふっ化水素（HF）	りん酸肥料，アルミニウム工業
	四ふっ化けい素（SiF_4）	りん酸肥料
硫黄系化合物	硫化水素（H_2S）	石油精製，石炭乾留
	二硫化炭素（CS_2）	ビスコース人絹繊維，医薬品
	メルカプタン（C_2H_5SH）	石油精製，着臭剤
	クロルスルホン酸（HSO_3Cl）	合成洗剤，農薬，医薬品
	硫酸（含SO_2，H_2SO_4）	硫安，過りん酸石灰
	二酸化硫黄（SO_2）	硫酸製造，化学薬品製造
りん系化合物	りん化水素（PH_3）	ICイオン注入，倉庫のくん蒸
	黄りん（P_4）	リン化合物製造，殺そ剤，マッチ
	三塩化りん（PCl_3）	有機りん化合物，農業，医薬品
	五塩化りん（PCl_5）	医薬品製造
ハロゲン化物	塩素（Cl_2）	ソーダ工業
	臭素（Br_2）	医薬品，染料
	塩化水素（HCl）	ソーダ工業，プラスチック工業
	ホスゲン（$COCl_2$）	合成樹脂（ポリウレタン）製造
CHO化合物	ホルムアルデヒド（HCHO）	尿素，フェノール，メラミンなどの樹脂，合成繊維
	メタノール（CH_3OH）	ホルマリン製造
	アクロレイン（$CH_2=CHCHO$）	グリセリン製造，樹脂加工剤製造，医薬品製造
	ベンゼン（ϕ）	石炭乾留，フェノール製造，溶剤関係（塗料，ゴムなど）
	フェノール（ϕ-OH）	合成樹脂製造
その他	一酸化炭素（CO）	自動車，ガス製造，メタノール製造
	二酸化セレン（SeO_2）	有機薬品製造
	ニッケルカルボニル（$Ni(CO)_4$）	有機合成触媒，ニッケルの製造

第5編　大気概論

第 5 編　大気概論

Q 12　練習のために，大気概論に関する問題をいくつか出してもらえませんか？

では，肩慣らしに基礎の問題を少し解いてみましょう！

【問題 1】　大気汚染防止法の「ばい煙」とならないものはどれか。
1．物の分解に伴い発生する鉛化合物
2．物の合成に伴い発生する硫黄酸化物
3．熱源としての電気の使用に伴い発生するばいじん
4．物の燃焼に伴い発生する塩素
5．物の燃焼に伴い発生する硫黄酸化物

解説

　物の合成に伴い発生する硫黄酸化物は，ばい煙には定義されていません。有害物質は，燃焼以外に，物の合成や分解によるものもばい煙に含まれることになっています。少しややこしいですが，硫黄酸化物は有害物質とは独立に定義されています。窒素酸化物は有害物質の一つとされています。

正解　2

【問題 2】　特定工場における公害防止組織の整備に関する法律施行規則に定める「大気関係第 1 種公害防止管理者」以外の者を選任してはならない施設はどれか。ただし，いずれも製造業に属する工場に設置され，大気汚染防止法施行令別表第 1 に掲げる規模の施設であるものとする。
1．排出ガス量が 40,000 m^3_N 時未満の特定工場に設置されたボイラー
2．排出ガス量が 40,000 m^3_N 時以上の特定工場に設置されたコークス炉
3．排出ガス量が 10,000 m^3_N 時以上の特定工場に設置された廃棄物焼却炉
4．排出ガス量が 10,000 m^3_N 時未満の特定工場に設置されたカドミウム系顔料の製造の用に供する乾燥施設
5．排出ガス量が 40,000 m^3_N 時以上の特定工場に設置された鉛の精錬の用に供する焼結炉

Q12：練習のために，大気概論に関する問題をいくつか出してもらえませんか？

解説
排出ガス量と有害物質を考えて，次の表をご参照下さい。

排出ガス量		有害物質の排出	
		あり	なし
時間当たり 40,000 m³N 以上（主任管理者要）		第1種	第3種
時間当たり 40,000 m³N 未満	時間当たり 10,000 m³N 以上	第2種	第4種
	時間当たり 10,000 m³N 未満		選任不要

正解　5

【問題3】　大気汚染に関する記述中，誤っている下線部はどれか。
　光化学大気汚染は，大気中に放出された(1)炭化水素（非メタン系）と窒素酸化物に(2)太陽光線中の赤外線が作用して発生するというのが定説である。(3)オゾンやパーオキシアセチルナイトレートなどが生成される。光化学オキシダントの環境基準は(4)0.06 ppm（1時間値）である。また，その指標植物としては，(5)たばこ，ほうれんそう，あさがおなどがある。

解説
光化学大気汚染は，大気中に放出された炭化水素と窒素酸化物に太陽光線中の紫外線が作用して発生するものです。

正解　2

【問題4】　大気汚染防止法に規定する特定粉じんに関する記述として，誤っているものはどれか。
1．特定建築材料は，特定粉じんを発生し，または飛散させる原因となる建築材料であって政令で定めるものである。
2．特定建築材料が使用されている工作物を解体する作業は，特定粉じん排出等作業である。
3．吹付け石綿が使用されている建築物等を改造し，または補修する作業は，特定粉じん排出等作業である。
4．石綿を含有する断熱材，保温材及び耐火被覆材は，特定建築材料である。
5．現在，特定粉じんとして定められている物質は，石綿と海綿の2種である。

第5編　大気概論

解説

現在，特定粉じんに定められている物質は，石綿（アスベスト）だけです。

正解　5

【問題5】　特定物質とその物質を発生するおそれのある業種との組合せとして，誤っているものはどれか。

	特定物質	その物質を発生するおそれのある業種
1	ホスゲン	有機合成工業
2	シアン化水素	製鉄業
3	メルカプタン	石油精製業
4	ふっ化けい素	りん酸質肥料製造業
5	ベンゼン	製紙工業

解説

肢1：ホスゲン $COCl_2$ は塩化カルボニルとも言って，極めて有害なガスで無色刺激臭のある窒息性の気体です。有機合成工業で染料およびその中間体の製造，ポリ炭酸エステルの合成等に用いられます。過去には毒ガスとして使用されたこともあるものです。

肢2：シアン化水素 HCN は猛毒で，人の致死量である 0.06 g あれば数秒で死に至ります。無色で極めて揮発性の強い液体で，水によく溶けて微酸性を呈します。これをシアン化水素酸（青酸）と言います。高温で酸素と化合して燃焼するので，一般のばい煙発生施設の排ガス中には存在しません。石炭などを乾留すると乾留ガス中に含まれ，製鉄業のコークス炉などから発生します。

肢3：メルカプタンは，有機硫黄化合物の1種で飽和炭化水素の水素原子をメルカプト基-SHで置換したものの総称です。分子量の低いメルカプタンは，ニンニクに似た悪臭をもった無色揮発性の液体で，Rでアルキル基などを表しますと，一般式はR-SHと書かれます。都市ガスなどの付臭剤として微量混入されて，ガス漏れ対策として使用されていますので，石油精製業とは関連があります。

肢4：ふっ化けい素は，四ふっ化けい素 SiF_4 のほかに，六ふっ化けい素 Si_2F_6 などさらに高級な同族体も知られています。SiF_4 は刺激性のある不燃性の気体で水に溶けて直ちに分解されて，白色ゼラチン状のけい酸とふっ酸を生じます。りん酸肥料製造業で発生するふっ化水素 HF が二酸化けい素

Q12:練習のために,大気概論に関する問題をいくつか出してもらえませんか?

と反応してふっ化けい素を生じます。

肢5:製紙工場からは,硫化水素やダイオキシンなどが発生する可能性がありますが,芳香族の代表であるベンゼン C_6H_6 とはあまり関連がありません。

正解　5

【問題6】　特定物質とそれが人体に与える影響の組合せとして,正しいものはどれか。

	特定物質	人体に与える影響
1	塩化水素	白血病
2	硫化水素	肺炎
3	ホルムアルデヒド	膀胱炎
4	硫酸	精神異常
5	ホスゲン	脳炎

💡解説

肢1:塩化水素 HCl は,無色刺激臭のある発煙性の気体で,吸湿性があって水分を吸収し塩酸(塩化水素酸)となります。強酸であって酸化力による毒性が強く,人間の皮膚や粘膜を侵しますので,呼吸することによって,肺,気管支などに炎症を生じます。白血病とは直接関係はありません。

肢2:硫化水素 H_2S は,腐った卵のような悪臭のある無色にして有毒の気体で,還元性があります。呼吸すれば粘膜や上下気道を侵し,肺炎,肺水腫などの中毒症状を呈します。軽い症状でも頭痛,めまいを生じます。肢2は正しい記述です。

肢3:ホルムアルデヒド HCHO は,常温では刺激臭の強い気体で極めて還元性が強い物質です。よく水に溶け,37%水溶液はホルマリンとして市販されています。ホルムアルデヒドは,眼や上下気道を刺激します。膀胱炎とは関係ありません。

肢4:硫酸 H_2SO_4 は強酸であり,皮膚を激しく腐食します。精神異常とは関係ありません。

肢5:ホスゲン $COCl_2$ は,前問の肢1で述べましたように極めて有毒な無色刺激臭のある窒息性のガスです。脳炎とは関係ありません。

正解　2

第5編　大気概論

第5編　大気概論

> 【問題7】　現在，国が大気汚染対策として，実施しているものはどれか。
> 1．粉じんの環境基準の設定
> 2．オゾンの排出基準の設定
> 3．有害物質の常時監視測定
> 4．窒素酸化物の K 値規制
> 5．公害紛争処理

解説

肢1：浮遊粒子状物質（SPM）は，大気中に浮遊する粒状物質のうち粒径10ミクロン以下のもので，一般局における環境基準は，1時間値の1日平均値が $0.10\,mg/m^3$ 以下であり，かつ1時間値が $0.20\,mg/m^3$ 以下となっています。粉じんと浮遊粒子状物質とは意味が若干異なるので，「粉じん」に対しては，環境基準は設定されていないと言えます。

肢2：光化学オキシダントの環境基準は設定されていて，オゾンはその主要成分です。しかし，オゾンそのものの排出基準は設定されていません。

肢3：大気汚染防止法の有害物質は，窒素酸化物（NOx），カドミウム（Cd），鉛（Pb），ふっ化水素（HF），塩素（Cl_2），塩化水素（HCl）などで排出基準は設定されていますが，環境基準は設定されていません。
　　NOx 中の二酸化窒素 NO_2 については，環境基準が設定されて常時監視測定が実施されていますが，有害物質全部が常時監視測定されているわけではありません。

肢4：硫黄酸化物の排出規制について，施設単位の排出基準は K 値規制と呼ばれ，排出口の高さに応じて排出量の許容量が定められていますが，窒素酸化物について今のところ K 値規制はありません。

肢5：公害紛争については，「公害紛争処理法」の定めるところにより，環境省の外局である公害等調整委員会及び都道府県公害審査会等が処理することとされています。これが正解と言えるでしょう。

正解　5

第6編

大気特論

どのような問題が出題されているのでしょう！

（出題問題数　15問）

1) ほぼ毎年出題されているものとして，次のような内容が挙げられます。
   - 燃焼計算　　　　　　2題
   - 燃料の性状　　　　　　1題
   - 排煙脱硫関係　　　　2題
   - 排煙脱硝関係　　　　　1題
   - 試料採取法関係　　　1題
   - 二酸化硫黄自動計測器　1〜2題

2) 毎年ではなくても，それに準じて出題されているものとしては，次のようなものがあります。
   - 理論空気量
   - 燃焼管理
   - 燃料試験法
   - 低ＮＯｘ燃焼法
   - エマルジョン燃焼法
   - 燃焼装置関係
   - 燃焼管理計器
   - 窒素酸化物自動計測器
   - 排ガス中酸素自動計測器
   - 燃焼状態
   - 熱電温度計
   - 低温腐食関係
   - 窒素分析法
   - 発熱量

Q1 気体燃料と液体・固体燃料の理論燃焼空気量の計算の仕方を教えて下さい。

A. 燃料を燃焼させるには酸素が必要ですね。普通はその酸素を空気によって供給するので，理論燃焼空気量というのは，早い話が「物を燃やすのに，どれだけの空気が必要か？」ということです。従って，理論燃焼空気量を求める前に，まず理論燃焼酸素量を求めます。そのために，燃料の燃焼反応式から始めることになります。ここでは，完全燃焼を前提としています。

1）気体燃料の場合

次の四つのケースに分けて考えましょう。反応式の中のそれぞれの物質の係数を決めることから行いますが，これによって酸素の所要量がわかります。

① 水素のケース

$$H_2 + \frac{1}{2}O_2 \rightarrow H_2O$$

これによって，水素1分子に酸素0.5分子が必要であることがわかります。気体では，モルの比（分子の比）と標準状態（0℃，1気圧）の体積とは比例しますので，水素 $1\,m^3_N$ の燃焼に必要な酸素は $0.5\,m^3_N$ ということになります。m^3_N の添え字 $_N$ は標準状態という意味です。つまり，理論燃焼酸素量は $0.5\,m^3_N/m^3_N$ となります。より詳しく書きますと，次のようになります。

$0.5\,m^3_N-O_2/m^3_N-H_2$

$m^3_N-O_2$ は酸素の体積を m^3_N で表したものです。水素の理論燃焼酸素量を $O_0(H_2)$ と書きます。変数の文字はイタリックにする習慣で，添え字の $_0$ は「理論」の意味ですが，基準ということでゼロを用いています。

これから理論燃焼空気量を求めますが，空気中の酸素が21%であることを利用します。水素の理論燃焼空気量を $A_0(H_2)$ と書きますと，

$O_0(H_2) = 0.5\,m^3_N-O_2/m^3_N-H_2$

$A_0(H_2) = 0.5\,m^3_N-O_2/m^3_N-H_2 \div 0.21$

$= 2.38\,m^3_N-Air/m^3_N-H_2$

ここで，Air は空気の意味です。

Q1：気体燃料と液体・固体燃料の理論燃焼空気量の計算の仕方を教えて下さい。

② 一酸化炭素のケース

$$CO + \frac{1}{2}O_2 \rightarrow CO_2$$

という反応式になりますので，水素の場合と同様に，

$$O_0(CO) = 0.5 \, m^3_N - O_2/m^3_N - CO$$
$$A_0(CO) = 2.38 \, m^3_N - Air/m^3_N - CO$$

添え字の意味については慣れましたか。すぐには慣れないかもしれませんが，だんだん見慣れていくと思います。

③ 炭化水素 C_xH_y のケース

$$C_xH_y + \left(x + \frac{y}{4}\right)O_2 \rightarrow xCO_2 + \frac{y}{2}H_2O$$

という式から，

$$O_0(C_xH_y) = \left(x + \frac{y}{4}\right)[m^3_N - O_2/m^3_N - C_xH_y]$$

$$A_0(C_xH_y) = \frac{1}{0.21}\left(x + \frac{y}{4}\right)[m^3_N - Air/m^3_N - C_xH_y]$$

④ 混合気体のケース

混合気体中の濃度を，変数のイタリックでかつ小文字で書き，水素，一酸化炭素，炭化水素，酸素の濃度 $[m^3_N/m^3_N]$ を，それぞれ h_2, co, c_xh_y, o_2 と書きます。最後の酸素は，燃える成分ではありませんが，燃料に入っていればその分だけ空気の供給が少なくてすみますので，計算に含みます。これまでに求めた結果をまとめ，燃料を Fuel と書きますと，

$$O_0(Fuel) = 0.5\,h_2 + 0.5 + co + \left(x + \frac{y}{4}\right) - o_2$$

酸素だけ引き算になっているのはおわかりですね。従って，理論燃焼空気量は，

$$A_0(Fuel) = \frac{1}{0.21}\left\{0.5\,h_2 + 0.5 + co + \left(x + \frac{y}{4}\right) - o_2\right\}$$

2) 液体および固体燃料の場合

この場合は，単一物質ではないことが多いので，燃料の成分濃度をもとに重さ当たりで計算します。また，気体では，ほとんど混入していない硫黄分なども扱いますし，気体の時には一般に燃焼しない窒素分もここでは考慮す

第6編　大気特論

ることがあります。

燃料1kgの中の炭素，水素，硫黄の質量 [kg] を，それぞれ c, h, s と書いて，完全燃焼を前提とし，それぞれ CO_2, H_2O, SO_2 になるものとします。通常の燃焼で硫黄は SO_2 になると考えます（燃焼後に空気中の酸素に酸化され SO_3 になることが多いです）。また，窒素は燃焼とは言えませんが，N_2 になるとして n と，酸素も o と書いて計算に含めます。窒素は NO になるという立場もあるとは思いますが，通常は N_2 になるとしています。

① 炭素のケース

反応式は，

$$C + O_2 \rightarrow CO_2$$

c [kg]の炭素のモル数は $c/12$ [kmol]で，燃焼のために，これと等モルの酸素を要しますので，

$$O_0(C) = \frac{c\,[\mathrm{kg-C/kg-Fuel}]}{12\,[\mathrm{kg-C/kmol-C}]} \times 22.4\,[\mathrm{m^3-O_2/kmol-C}]$$

$$= \frac{22.4}{12}c\,[\mathrm{m^3-O_2/kg-Fuel}]$$

② 水素のケース

$$H_2 + \frac{1}{2}O_2 \rightarrow H_2O$$

で考えますので，炭素と同様に，

$$O_0(H) = \frac{11.2}{2}h\,[\mathrm{m^3-O_2/kg-Fuel}]$$

ここで，式中 11.2 となっているのは，酸素が 0.5 モル必要だからですね。

③ 硫黄のケース

同様に，

$$S + O_2 \rightarrow SO_2$$

と考えて，

$$O_0(S) = \frac{22.4}{32}s\,[\mathrm{m^3-O_2/kg-Fuel}]$$

Q1：気体燃料と液体・固体燃料の理論燃焼空気量の計算の仕方を教えて下さい。

④ **酸素のケース**

酸素は当然ですが，マイナスになります。燃料中の2原子で空気中の酸素の1分子に相当しますので，2で割っておきます。

$$O_0(\text{O}) = -\frac{11.2}{16}o\,[\text{m}^3-\text{O}_2/\text{kg}-\text{Fuel}]$$

⑤ **混合物のケース**

以上を総合します。

$$O_0(\text{Fuel}) = \frac{22.4}{12}c + \frac{11.2}{2}\left(h - \frac{o}{8}\right) + \frac{22.4}{32}s$$

$$= 1.867\,c + 5.6\left(h - \frac{o}{8}\right) + 0.7\,s$$

酸素と水素はほぼ同伴しますので，セットで表示され，$h-o/8$ を有効水素ということがあります。同伴酸素に消費されない水素という意味でしょう。s の係数は 0.7 とわかりやすいものになっていますね。

$$A_0\,(\text{Fuel}) = \frac{1}{0.21}O_0\,(\text{Fuel})$$

第6編 大気特論

第6編　大気特論

Q2 理論燃焼空気量 A_0 と空気比 m が与えられている場合の燃焼ガス量の計算の仕方がわかりませんので教えて下さい。

A. 燃焼ガス量

燃焼して出てきた燃焼排ガスの量である燃焼ガス量には，その中に含まれる水蒸気を加えるか加えないかで，次の二つの立場があります。

① **湿り燃焼ガス量**

燃焼ガス中に通常含まれる水蒸気も合計して，燃焼排ガスの総量で表します。その排ガス中の水分（液体の水）は一般に少ないとして無視されます。

② **乾き燃焼ガス量**

湿り燃焼ガス量から，その中に含まれる水蒸気の量を差し引いた量です。あくまでも計算上のことで，実際に水蒸気が分離される訳ではありません。

燃焼ガス量の計算

質問にありますように，理論燃焼空気量 A_0 と空気比 m が与えられている場合に，燃料の組成ごとに考えてみます。以下，湿り燃焼ガス量を G と，乾き燃焼ガス量を G' と書きます。所要空気量（実際空気量）を A としますと，

$$A = mA_0$$

であることはよろしいですね。この単位は，[m^3_N－Air/m^3_N－Fuel]または[m^3_N－Air/kg－Fuel]であったこともご確認下さい。すると，理論燃焼酸素量 O_0 は，

$$O_0 = 0.21 A_0$$

ですから，理論燃焼空気量中の窒素 $0.79 A_0$ と過剰空気量 $(m－1)A_0$ とを合計したものが燃焼（反応）せずに出てきます。それは，

$$0.79 A_0 + (m－1)A_0 = (m－0.21)A_0$$

となります。これに，燃焼反応によって新たに発生するガスが加わることになります。

Q2：燃焼ガス量の計算の仕方がわかりませんので教えて下さい。

1）気体燃料の場合

① 水素のケース

これは全て水蒸気になりますので，乾き燃焼ガス G' には新たに足される量はありません。湿り燃焼ガス G には水素分が足されます。

$$H_2 + \frac{1}{2} - O_2 \rightarrow H_2O$$

$$G = (m - 0.21)A_0 + 1 \quad [m^3{}_N/m^3{}_N - Fuel]$$

$$G' = (m - 0.21)A_0 \quad [m^3{}_N/m^3{}_N - Fuel]$$

② 一酸化炭素のケース

CO が CO_2 になるだけで，水蒸気の発生はありませんから，湿り燃焼ガス量 G と乾き燃焼ガス量 G' とは一致します。係数は水素と同様に 0.5 です。

$$G = G' = (m - 0.21)A_0 + 0.5 \quad [m^3{}_N/m^3{}_N - Fuel]$$

③ 炭化水素ガス C_xH_y のケース

C_x からは x モルの CO_2 が，H_y からは $\frac{y}{2}$ モルの H_2O が生じますので，

$$G = (m - 0.21)A_0 + x + \frac{y}{2} \quad [m^3{}_N/m^3{}_N - Fuel]$$

$$G' = (m - 0.21)A_0 + x \quad [m^3{}_N/m^3{}_N - Fuel]$$

2）固体・液体燃料の場合

燃料 1kg 中の炭素，水素，硫黄，窒素，水分の重さを，それぞれ c, h, s, n, w としますと，

① 炭素のケース

炭素は，等モルの CO_2 を発生しますので，そのガス量は，

$$\frac{22.4}{12}c = 1.867\,c \quad [m^3{}_N/kg - Fuel]$$

② 水素のケース

水素は，0.5 モルの水蒸気を生じますので，そのガス量は，

$$\frac{11.2}{1}h = 11.2\,h \quad [m^3{}_N/kg - Fuel]$$

③ **硫黄のケース**

硫黄は，SO_2 を等モル発生させます。

$$\frac{22.4}{32}s = 0.7\,s \qquad [m^3{}_N/kg\text{-}Fuel]$$

④ **窒素のケース**

窒素は，次のような反応を想定して

$$N + \frac{1}{2}O_2 \rightarrow NO$$

0.5 モルの酸素が 1 モルの NO を生じ，その差 0.5 モルで計算しますと，

$$\frac{11.2}{14}n = 0.8\,n \qquad [m^3{}_N/kg\text{-}Fuel]$$

⑤ **同伴水分のケース**

燃焼とは言えずそのまま蒸発して水蒸気になるだけですがそのガス量は，

$$\frac{22.4}{18}w = 1.24\,w \qquad [m^3{}_N/kg\text{-}Fuel]$$

⑥ **混合ガスのケース**

以上述べてきました①～⑤を整理して合計しますと，

$$G = (m - 0.21)A_0 + 1.867\,c + 11.2\,h + 0.7\,s + 0.8\,n + 1.24\,w$$
$$G' = (m - 0.21)A_0 + 1.867\,c + 0.7\,s + 0.8\,n$$

以上の結果を次のページで図にまとめます。

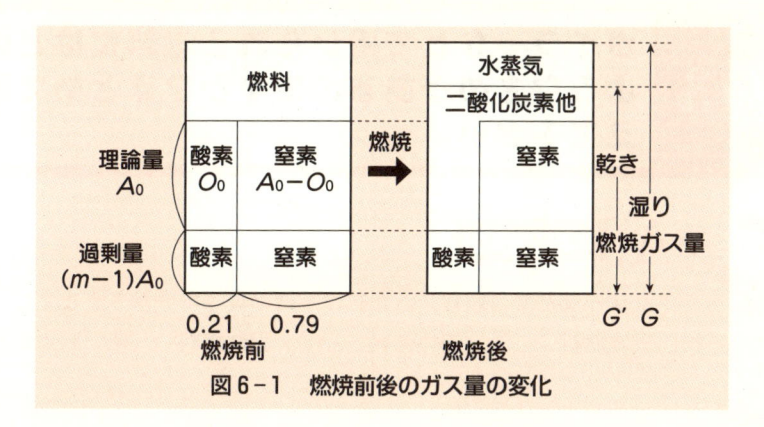

Q2：燃焼ガス量の計算の仕方がわかりませんので教えて下さい。

図6-1　燃焼前後のガス量の変化

【問題】　重油を空気比1.2で完全燃焼したとき，実際湿り燃焼ガス量(m^3_N/kg)はいくらか。ただし，この重油の理論空気量は 11.0 m^3_N/kg，理論湿り燃焼ガス量は 12.0 m^3_N/kg とする。

1．12.2　　　2．14.2　　　3．16.2
4．18.2　　　5．20.2

解説

燃焼排ガス中には，燃料中の水分や燃焼によって生成された水蒸気が不飽和の状態（飽和蒸気ではないという意味です）で含まれています。これを湿り燃焼ガスと言います。

理論空気量 A_0，理論湿り燃焼ガス量 G_0，空気比 m が与えられていますので，湿り燃焼ガス量 G を求めますと，

$$G = G_0 + (m-1)A_0 = 12 + (1.2-1) \times 11 = 14.2 \text{ m}^3_N/\text{kg}$$

【別解】余分な空気量は理論空気量 11.0 m^3_N/kg の20%である 2.2 m^3_N/kg ですから，この部分は重油の燃焼に関係がありませんので，単純に理論湿り燃焼ガス量に加えて，

$$12 + 2.2 = 14.2 \text{ m}^3_N/\text{kg}$$

正解　2

第6編　大気特論

Q3 ボイラーなどで用いられる燃料にはどのようなものがあるのですか？まとめて教えて下さい。

A. 燃料の種類

ボイラーなどで用いられる燃料は、次のように分類されます。
① 気体燃料　② 液体燃料　③ 固体燃料　④ 特殊燃料

気体燃料

① **天然ガス**

硫黄分が少ないことが長所です。高発熱量という用語が出てきますが、総発熱量とも言って、燃料が燃焼する際の全ての発熱量です。これに対して、低発熱量(真発熱量)とは、発生する水蒸気の潜熱を除いたものを言います。

表6-1　天然ガスの2種類

天然ガスの種類	メタン	その他	高発熱量
乾性天然ガス	約95%	約5%	約40 MJ/m^3_N
湿性天然ガス	約75%	エタン約15% プロパン約8%	約50 MJ/m^3_N

② **液化石油ガス（LPG）**

主成分は、プロパン、プロピレン、ブタン、ブチレンです。

イ）長所
 a) 高発熱量が大きく、約100 MJ/m^3_N程度です。
 b) 冷却液化するので体積が小さくなって移送に便利です。
 c) 使用時に容易にガス化できます（冷熱も有効利用されます）。
 d) 硫黄分が少ないです。

ロ）短所
 a) 空気より気体比重が重く、低地にたまりやすいです。
 b) 冷却液化費や貯蔵設備費が高くつきます。
 c) 気化する時、蒸発熱が必要となります。（冷熱を有効利用できればよい

Q3：ボイラーなどで用いられる燃料についてまとめて教えて下さい。

のですが）
③ 石炭ガス類
a) 石炭ガス

　　石炭の乾留によって得られます。水素が50％以上，一酸化炭素が10％，他はほぼ炭化水素です。高発熱量は約 20 MJ/m³$_N$ です。

b) 高炉ガス

　　製鉄所の高炉から出るガスで，可燃成分は比較的少ないですが，燃料として主に製鉄所で利用されます。窒素が50％以上，他は一酸化炭素，次いで二酸化炭素です。高発熱量は約 2 MJ/m³$_N$ です。

液体燃料

表にまとめると次のようになります。

表6-2　液体燃料の各種とその特徴

種類	主成分	沸点（℃）	高発熱量 (MJ/kg)	主な用途
揮発油	炭素，水素	20～200	46～48	ガソリンエンジン
灯油	炭素，水素	180～300	46～48	石油発動機，暖房，厨房
軽油	炭素，水素	200～350	46～48	小型ディーゼル，加熱用
重油	炭素，水素 酸素，硫黄，窒素	230～	42～46	各種ディーゼル，ボイラー，工業炉

この中で特に大気汚染に関係する重油について，より詳しく整理しますと，次のようになります。硫黄分の含有量が大気汚染に大きく関係します。

表6-3　重油の種類

種類	動粘度 (cSt)	引火点（℃）	残留炭素分 (％)	硫黄分 (％)
A重油（1種）	20以下	60以上	4以下	2.0以下
B重油（2種）	20～50	60以上	8以下	3.0以下
C重油（3種）	250～1,000	70以上	―	3.5以下

（注）動粘度の単位の cSt はセンチストークスです。

固体燃料

① **石炭**

　石炭は石炭紀と呼ばれる時代の植物が地中炭化したもので，石炭化の進行度合を石炭化度（炭化度）と言います。石炭を無酸素雰囲気下で原料を熱分解した際に，ガス化せず固体炭素として残渣になる炭素分を固定炭素と言いますが，その固定炭素含有量によって，無煙炭，歴青炭（有煙炭），褐炭，亜炭（埋木）などに分類されます。固定炭素が増えるにつれて，揮発分は低下します。この揮発分に対する固定炭素の比を燃料比といい，次の式で計算されます。無煙炭でこの値は12以上，褐炭で1以下となっています。

$$燃料比 = \frac{固定炭素（\%）}{揮発分（\%）}$$

② **コークス**

　石炭を精製した燃料，すなわち，粘結性石炭から水素分を除いたものです。粘結性石炭とは，1,000℃になっても軟化溶融せずに形を残す石炭のことで，このような性質を石炭の粘結性と言います。

　コークスは，水素が除かれていますので，燃えても黒煙を生じません。

特殊燃料

　特別なプロセスなどで発生する廃棄物などを燃料として使用することもあり，これが特殊燃料と呼ばれます。以下のようなものがあります。

① **バガス**

　砂糖きびの絞りカスで，精糖工場で副生します。水分が40～50%，高発熱量が10 MJ/kg程度です。主に精糖工場のボイラー用燃料に用いられます。

② **バーク（樹皮）**

　パルプ工場で副生する原木の皮です。水分が50～60%，高発熱量が8～16 MJ/kgです。やはり，パルプ工場でボイラー燃料として使用されます。

③ **黒液**

　パルプ製造工程において，チップと呼ばれる木片を煮沸溶解して繊維分を

Q3：ボイラーなどで用いられる燃料についてまとめて教えて下さい。

分離し，パルプとする時に発生する黒色液体です。80〜88％の水分があり，真空蒸発缶で濃縮し固形分を60〜65％程度にして，同工場の専用ボイラーで利用します。乾燥量当たりの発熱量は10〜15 MJ/kg程度です。

④ 廃タイヤ

　当然ですが，廃タイヤの成分は一定です。高発熱量は20〜30 MJ/kgと高めですが，ゴムの製造過程で加硫（硫黄による分子架橋）して作られていますので，燃やすと黒煙と二酸化硫黄が発生し，大気汚染対策が必須です。

⑤ 都市ごみ（都市じんかい）

　都市ごみには燃えるもの，燃えにくいもの，燃えないものが混合していて，発熱量は3〜6 MJ/kg程度です。ごみ焼却場（清掃工場）で自家消費の熱源として燃やして利用されます。

⑥ 産業廃棄物（工場じんかい）

　都市ごみに比べ可燃物の含有比率が安定していて，場合によっては40 MJ/kgほどの発熱をするものもあります。多くはそれぞれの工場のボイラーなどで利用されます。

【問題】　気体燃料の特徴として，誤っているものはどれか。
1．貯蔵タンクに費用がかかる。
2．灰分がないため，ダストの発生が少ない。
3．どのような燃焼条件で燃焼しても，すすの発生はない。
4．比較的低過剰空気で完全燃焼できる。
5．一般に燃焼効率が高い。

解説

肢3：気体燃料の燃焼方式には，予混合燃焼と拡散燃焼があります。燃焼に十分空気が供給されていれば，すすの発生はほぼありませんが，空気の供給が不十分であれば，すすは発生します。予混合燃焼方式よりも拡散燃焼方式の方がすすが発生しやすい傾向にあります。設問は誤りです。

正解　3

第6編　大気特論

Q4 ボイラーなどの通風にはどのような形式があるのですか？

A. 通風

通風とは文字通り，燃焼炉（燃焼室）から煙突まで風（空気）を通すことで，その空気の流れを制御する方式に次の4通りがあります。

① 自然通風

送風機（ファン）を設けず，煙突内の排ガスが一般に周囲の空気より高温低密度であることを利用して炉に空気を通す方式です。

② 押込通風（強制通風）

燃焼室に通風機（給気ファン）で空気を供給します。炉内圧はやや正圧で運転されます。強制通風とは送風機を用いる全ての形式を指すことがありますが，一般には押込通風を言います。

③ 吸引通風

燃焼室の下流，通常煙突の手前で燃焼室から送風機で引いて吸気します。炉内圧はやや負圧になります。

④ 平衡通風

押込と吸引の両方のファンを持つ形で，送風機などの設備費がかさみますが，炉内圧の調節は自由度が高くなります。

これらの方式をまとめますと，次のようになります。

通風の方式	押込み送風機	吸引送風機	炉内圧
自然通風	なし	なし	成り行き
押込通風	あり	なし	やや正圧
吸引通風	なし	あり	やや負圧
平衡通風	あり	あり	自由制御可能

Q4：ボイラーなどの通風にはどのような形式があるのですか？

第6編 大気特論

自然通風の通風力

次の公式が燃焼管理においてよく用いられます。計算問題としてもよく出題されます。P を通風（圧）力 [Pa]，H を煙突高さ [m]，t_a を外気温度 [℃]，t_g を排ガス温度 [℃] として，次のようになります。

$$P \fallingdotseq 355 H \times 9.8 \left(\frac{1}{273+t_a} - \frac{1}{273+t_g} \right)$$

【問題】 煙突で自然通風している燃焼設備がある。その圧力損失が 98 Pa の集じん装置を設置したが，設置後も自然通風で燃焼を続けるためには，煙突をどれだけ高くすればよいか。最も近いものを選べ。ただし，煙突内の平均ガス温度は 177℃，外気温度は 27℃ とし，集じん装置の設置前後で変化はないものとする。

1. 15 m　　2. 20 m　　3. 25 m　　4. 30 m　　5. 35 m

解説

自然通風力の公式に代入して計算します。

$$98 = 355 H \times 9.8 \left(\frac{1}{273+27} - \frac{1}{273+177} \right)$$

これを解きますと，$H = 25.4$ m

正解　3

Q5 排煙からの硫黄酸化物の低減,すなわち,排煙脱硫法についてその概要をまとめて教えて下さい。

A. 硫黄酸化物の排出量低減

　低硫黄燃料を用いる方法もよく行われていますが,さらに,排出ガス中の硫黄酸化物を除く排煙脱硫も重要です。排煙脱硫方式には,湿式,乾式および半乾式と呼ばれる方式があります。基本的に排ガスという気相から液相などに移す技術になりますが,液相に移った亜硫酸イオンなどをそのまま排水として放流することは問題ですので,空気酸化をするなどして硫酸イオンにして放流します。もちろん,pH管理も必要です。それより良いことは,石膏や硫酸などとして工業的に用いることで,硫酸などのコストダウンもこの効果が大きいと言えます。

湿式排煙脱硫法

　主に,塩基性の液で反応吸収しますが,希硫酸で酸化吸収する方式もあります。順次説明していきます。

① 水酸化ナトリウム（または,炭酸ナトリウム）水溶液吸収法

$$SO_2 + 2NaOH \rightarrow Na_2SO_3 + H_2O$$
$$SO_2 + Na_2CO_3 \rightarrow Na_2SO_3 + CO_2$$

② 石灰石（または,消石灰）スラリー吸収法

（石灰石）
$$SO_2 + CaCO_3 + \frac{1}{2}H_2O \rightarrow CaSO_3 \cdot \frac{1}{2}H_2O + CO_2$$

（消石灰）
$$SO_2 + Ca(OH)_2 \rightarrow CaSO_3 \cdot \frac{1}{2}H_2O + \frac{1}{2}H_2O$$

　スラリーとは,懸濁液（濁った液）という意味です。一般に5〜15％の

Q5：排煙脱硫法についてその概要をまとめて教えて下さい。

石灰石や消石灰（水酸化カルシウム）を使います。pHが高い場合には$CaCO_3$が析出してスケール（こびりついた堅い固形分）になりますので、通常はpHを6付近で運転します。

吸収後、空気酸化などで酸化して、石膏（$CaSO_4・2H_2O$）として回収します。

③ アンモニア水溶液吸収法

$$SO_2 + NH_4OH \rightarrow NH_4HSO_3$$

または、

$$SO_2 + 2NH_4OH \rightarrow (NH_4)_2SO_3 + H_2O$$

pHは6程度が望ましい条件です。pHが7より高いとアンモニアが気体になりやすくアンモニアの損失が増え、pHが5より低いとSO_2が気体として逃げやすいため吸収効率が落ちます。

④ 水酸化マグネシウムスラリー吸収法

$$SO_2 + Mg(OH)_2 \rightarrow MgSO_3 + H_2O$$

水酸化カルシウムの場合と同様で、pHが高い場合には$MgSO_3$が析出しますので、pHは5.5〜6付近で使用します。$Mg(OH)_2$や$MgSO_3$は析出しやすいものの、空気酸化した$MgSO_4$は水によく溶けますので、スケールも比較的発生しにくく、そのまま放流することも可能です。

⑤ 塩基性硫酸アルミニウム溶液吸収法

$$3xSO_2 + (1-x)Al_2(SO_4)_3・xAl_2O_3$$
$$\rightarrow (1-x)Al_2(SO_4)_3・xAl_2(SO_3)_3$$

Al_2O_3が多い（xが大きい）ほど塩基性が強くなり、SO_2を多く吸収しますが、$Al(OH)_3$が析出しやすいので通常はpHを3〜5（$x=0.1$程度）で運転します。スケール生成が少なく、カルシウム分を与えることで空気酸化によって石膏を回収できます。

⑥ 希硫酸吸収法（酸化吸収法）

$$SO_2 + \frac{1}{2}O_2 + H_2O \rightarrow H_2SO_4$$

鉄イオンなどを酸化触媒として用い、2〜5％の希硫酸に吸収します

と，55℃ 程度で酸化されて硫酸となります。一般に pH 1 程度で運転されますが，吸収力が小さいので液ガス比を大きく（40〜50 L/m³ₙ）する必要があります。

乾式排煙脱硫法

① 活性炭吸着法

活性炭に二酸化硫黄を吸着させます。活性炭の表面で SO_2 が SO_3 に酸化され，水に溶ければ硫酸となります。最近ではほとんど利用されなくなっています。

半乾式排煙脱硫法

① スプレードライヤー

生石灰（CaO）に水を加えて消石灰（Ca(OH)₂）スラリーを作り，これをスプレードライヤー内に噴霧して，排ガス中の SO_2 と $Ca(OH)_2$ を反応させて除去する方法です。ドライヤー内では，脱硫反応と石灰の乾燥が同時に生じ，石膏（$CaSO_4 \cdot 2H_2O$）や亜硫酸カルシウム（$CaSO_3 \cdot 0.5H_2O$）の混合粒子となります。この粒子は後段の集塵機で回収されます。この方式では良質の石膏は得られず，また灰も混入しますので，脱硫後の粒子は廃棄物として処理されます。

【問題】 排煙脱硫法に関する記述として，誤っているものはどれか。

1. 水酸化マグネシウムスラリー吸収法では，生成する $MgSO_3$ や $MgSO_4$ の溶解度が $Mg(OH)_2$ に比べて大きいので，スケールは発生しにくい。
2. 石灰スラリー吸収法において，二酸化硫黄吸収に適する温度は 50〜60℃ である。
3. アンモニア水を使用するアルカリ溶液吸収法では，循環吸収液の pH を 5 以下に保つ。
4. 活性炭吸着法では，二酸化硫黄は活性炭表面で酸化され，さらに水蒸気と反応して硫酸となる。
5. スプレードライヤー法では，アルカリスラリーを吸収塔内に噴霧し，生

Q5：排煙脱硫法についてその概要をまとめて教えて下さい。

成する二酸化硫黄吸収物をガスの熱と反応熱で乾燥させ，粉末状になったものを集じん装置で捕集する。

解説

肢3：循環吸収液のpHを5以下にしますと，強い酸の中では弱酸が遊離するという化学物質の性質によって，二酸化硫黄（無水亜硫酸）が気体になって飛びやすく，回収効率が落ちてしまいます。

正解　3

第6編 大気特論

石膏について

喫茶室

石膏(せっこう)とは硫酸カルシウムのことですが，その中に水を含んでいるか，いないかでいくつかの状態に分かれます。

① $CaSO_4・(1/2)H_2O$（半水石膏）：焼石膏とも言われますが，天然のものはバサニ石と呼ばれます。水を吸って硬くなりますので，ギブスに用いられます。彫刻にも用いられますので，美術クラブなどで経験のある方もおありと思います。

② $CaSO_4・2H_2O$（二水石膏）：軟石膏，または単に石膏と言われます。軟石膏と言っても，ギブスや彫刻の固まった方のものです。

③ $CaSO_4$（無水硫酸カルシウム）：無水石膏，または硬石膏と言います。水を加えても結晶水にはなりません。

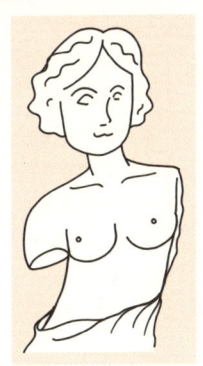

Q6 SOxと同じように，排煙脱硝法を含めたNOx対策についてその概要をまとめて教えて下さい。

A. 窒素酸化物の生成

窒素酸化物には，次のように非常に多くの種類がありますが，発生量の多いものは初めから2つのNO（一酸化窒素）とNO₂（二酸化窒素）です。

$NO, NO_2, N_2O, N_2O_3, N_2O_4, NO_3, N_2O_5, N_2O_6$

燃焼工程で生じるものの90％以上はNOです。次のように分類されます。

① フューエルNOx（燃料NOx）
　燃料中の窒素化合物が燃焼して生じるNOx
② サーマルNOx（熱的NOx，燃焼NOx）
　燃焼用空気中の窒素と酸素が燃焼中に反応して生じるNOx。これは燃料の種類に関係なく発生します。

NOx排出低減技術

表6-4　NOx排出低減技術の体系

方式の分類		各種改善方式
発生NOxの低減	燃料改善	低窒素燃料の使用
		燃料脱窒
	燃焼改善	装置改善（低NOxバーナー各種）
		運転条件の改善（二段燃焼法，濃淡燃焼法，排ガス循環法，水蒸気吹込み法等）
排煙脱硝	乾式脱硝	選択接触還元法，無触媒還元法，電子線照射法，吸着法
	湿式脱硝	気相酸化吸収法，液相酸化吸収法

表の排煙脱硝について，次のページでさらに説明します。

Q6：排煙脱硝法を含めた NOx 対策についてその概要をまとめて教えて下さい。

排煙脱硝技術
1）乾式脱硝方式
a）選択接触還元法
　酸素の存在下で NO をアンモニア（NH_3）で次の反応式のように還元して N_2 ガスにします。NO_2 もアンモニアで還元されます。

$$4NO + 4NH_3 + O_2 \rightarrow 4N_2 + 6H_2O$$
$$NO + NO_2 + 2NH_3 \rightarrow 2N_2 + 3H_2O$$

　この反応の触媒として、TiO_2 を担体とした V_2O_5 が使われます。低温では V_2O_5 によって SO_2 が酸化され、NH_4HSO_4 が生じてスケールとなりますので、300℃ 以上で運転されます。一般に $NH_3/NO = 0.8 \sim 1$ 程度の条件で運転されます。

b）無触媒還元法
　約 1,000℃ で NH_3 を添加し NO を還元します。NH_3 を増やしますと脱硝率は上がりますが、未反応 NH_3 も増えます。また酸素の存在で効率は低下します。H_2 を加えますと 700〜800℃ で反応させることができます。

c）電子線照射法
　電子線照射によって NO や SO_2 を NH_3 と反応させ、硝酸アンモニウム NH_4NO_3 や硫酸アンモニウム $(NH_4)_2SO_4$ の固体粒子として除去します。

d）吸着法
　活性炭や活性コークスによる吸着で、SO_2 が優先して吸着されますので、NOx 吸着率はあまり高くありません。一般に、NOx はアンモニアで還元し、脱硫・脱硝の同時処理が行われます。

2）湿式脱硝方式
a）気相酸化吸収法
　NO をオゾン（O_3）あるいは二酸化塩素（ClO_2）で酸化し、亜硫酸ナトリウム水溶液に吸収させます。酸化剤が高価であるため小規模装置で使われる程度です。

b）液相酸化吸収法
　吸収液として亜塩素酸ナトリウム（$NaClO_2$）水溶液や過マンガン酸カリウム（$KMnO_4$）水溶液などにより、液中吸収してから酸化させます。ガラス製造工程など非燃焼プロセスの排ガスに適用されています。

Q7 燃料試験法をまとめて簡単に教えて下さい。

A. 気体燃料

表にまとめます。詳しいことは別として，大どころを押さえておいて下さい。

分類	分析法の名称	内容
気体成分分析	ガスクロマトグラフ分析法	名前の通り，ガスクロマトグラフによる分析法です。
	ヘンペル式分析法	ガス吸収を用いる方法です。
発熱量測定法	ユンカース式流水型熱量計	流水に燃焼熱を吸収させ，水温変化から高発熱量を測定します。

液体燃料

① 硫黄分分析法

表6-5 液体燃料中の硫黄分の各種分析法

試験方法の種類	適用燃料	測定範囲
酸水素炎燃焼式ジメチルスルホナゾⅢ滴定法	自動車ガソリン，灯油，軽油	1～300 質量ppm
微量電量滴定式酸化法		1～100 質量ppm
燃焼管式酸素法	原油，軽油，重油	0.01 質量%以上
放射線式励起法		
燃焼管式空気法		
ボンベ式質量法	原油，重油，潤滑油	0.10 質量%以上
ランプ式容量法（参考法）	自動車ガソリン，灯油	0.002 質量%以上
波長分散型蛍光X線法（参考法）	自動車ガソリン，灯油，軽油，重油，原油，潤滑油	0.001～2.50 質量%以上

Q7：燃料試験法をまとめて簡単に教えて下さい。

② 窒素分分析法

表6-6　液体燃料中の窒素分の各種分析法

名称	分析方法	定量下限	その他
マクロケルダール法	触媒を存在させて，濃硫酸中にて過熱分解，硫酸アンモニアとし，強アルカリを加えて水蒸気蒸留し，発生アンモニアをほう酸溶液に吸収して硫酸標準液で中和滴定	50 ppm	ー
微量電量滴定法	ニッケル触媒と水素の存在下で分解還元，アンモニアに変換し，電解液に吸収させ電量滴定（消費した水素イオンを電流により補充しその電量を測定）します。	1 ppm	標準溶液としては，キノリンをトルエンに溶かしたもの，あるいは，窒素分のわかっている重油を使用。
化学発光法	酸素雰囲気で，加熱した燃焼管中にて分解酸化してNOとし，オゾン酸化でNO$_2$とし，発光する光を光電子倍増管で検出します。	0.01 ppm	

固体燃料

表6-7　固体燃料の分析方法

分析法の種類	測定対象	内容
工業分析法	水分，灰分，揮発分，固定炭素	水分，灰分，揮発分を測定して，残りを固定炭素とします。
元素分析法	炭素および水素の定量	燃焼してCO_2とH_2Oを測定します。 ・リービッヒ法（燃焼 800℃） ・シェフィールド高温法（燃焼 1350℃）
	全硫黄定量法	・エシュカ法（エシュカ合剤と混合燃焼し，硫酸バリウムの沈殿として定量） ・高温燃焼法（酸素中1350℃で燃焼，SOx捕集後，硫酸としてNaOH標準液で滴定）
	窒素定量法	・ケルダール法（硫酸中で分解して硫酸アンモニウムとし，硫酸に吸収させNaOH標準液等で逆滴定） ・セミミクロケルダール法（分解して硫酸アンモニウムとし，ほう酸飽和溶液に吸収して，硫酸標準溶液で滴定）
発熱量測定法	高発熱量および低発熱量	燃研式B型熱量計，または燃研式自動熱量計

Q8 硫黄酸化物および窒素酸化物の分析法をまとめて説明して下さい。

A. 排ガス中の硫黄酸化物の分析法

化学分析法と自動機器分析法（連続分析法）とがあります。

表6-8 化学分析法による硫黄酸化物分析法

分析法の名称	測定方法	その他
中和滴定法	試料ガスを酸化剤である過酸化水素水に吸収させて硫酸にし，NaOH標準液で滴定します。	二酸化炭素の共存は問題ありません
沈殿滴定法	酸化吸収で硫酸としイソプロピルアルコールと酢酸を加え，アルセナゾⅢ（AsⅢ）を指示薬として酢酸バリウム溶液で滴定します。	—
比濁法	酸化吸収後の硫酸に懸濁安定剤を加え，撹拌しつつ塩化バリウムを加えて硫酸バリウムの白濁を生成させ，吸光度を測定します。	測定波長 420 nm
イオンクロマトグラフ法	イオンクロマトの分離カラムに溶離液を定常流として酸化吸収された試料を注入，硫酸イオンのピークを測定します。	—

表6-9 連続分析法（自動分析法）による硫黄酸化物分析法

分析法の名称	測定方法	その他
溶液導電率法	吸収液に接触させて硫酸に酸化させ，その導電率からSOx濃度を求めます。	反応15分，測定4分。NH_4が負の誤差を，HCl, Cl_2, CO_2, NO_2, H_2Sが正の誤差を与えます。
赤外線吸収法	SO_2の赤外線吸収を非分散形赤外線分析計で測定します。	測定波長 7,300 nm
紫外線吸収法	SO_2の紫外線吸収波長付近の吸収を測定します。	測定波長280〜320 nmをNO_2が妨害します。CO_2, H_2Oの妨害はありません。

Q8：硫黄酸化物および窒素酸化物の分析法をまとめて説明して下さい。

紫外線蛍光法	SO_2に紫外線を当てると励起されて発する蛍光を測定します。	炭化水素の妨害があります。
定電位電解法	ガス透過性隔膜を通してSO_2を電解質に拡散吸収させ，酸化し硫酸にする過程で生じる電解電流を測定します。	硫化水素H_2Sが正の誤差，NO_2は負の誤差を与えます。

排ガス中の窒素酸化物の分析法

表6-10　化学分析法による窒素酸化物分析法

分析法名称	対象成分	採取法と定量範囲	
		真空フラスコ法	注射筒法
Zn-NEDA法	$NO+NO_2$	1〜50 ppm	5〜250 ppm
NEDA法	$NO+NO_2$	3〜500 ppm	7〜1,200 ppm
イオンクロマトグラフ法	$NO+NO_2$	4〜1,400 ppm	20〜7,000 ppm
PDS法	$NO+NO_2$	10〜300 ppm	12〜4,200 ppm
ザルツマン吸光光度法	NO_2	吸収びん採取：5〜200 ppm	

（略称名）

・Zn-NEDA法：亜鉛還元ナフチルエチレンジアミン吸光光度計法
・NEDA法：ナフチルエチレンジアミン吸光光度計法
・PDS法：フェノールジスルホン酸吸光光度法

表6-11　連続分析法（自動分析法）による窒素酸化物分析法

分析法の名称	測定方法	その他
化学発光法	NOとO_3が反応してNO_2が生ずる過程で化学発光することを利用します。	NO_2は還元して測定します。CO_2は負の誤差。
赤外線吸収法	NOを非分散形赤外線分析計で測定します。	NO_2は還元して測定します。測定波長5,300 nm
紫外線吸収法	紫外領域吸収を測定します。	分散形と非分散形があります。
定電位電解法	試料中NOxを，ガス透過膜を通し拡散吸収させ，定電位電解法により硝酸に酸化し，生じる電解電流からNOとNO_2を測定します。	―

第6編　大気特論

Q9　大気特論の問題をいくつか出して下さい。問題を解く練習をしたいと思います。

では，肩慣らしに基礎の問題を少し解いてみましょう！

【問題1】　燃料の性状に関する記述として，誤っているものはどれか。
1．湿性天然ガスは，主にメタンでできており，エタン，プロパン，ブタンなどはほとんど含まれていない。
2．石炭化が進んだ石炭は，固定炭素が増加して揮発分が減少する。
3．重油は，一般に粘度が高い低いものほど，含まれる低沸点炭化水素は少ない。
4．JISでは，灯油（1号）の硫黄分は，0.008質量％以下とされている。
5．液化石油ガスは，プロパン，プロピレン，ブタン，ブチレンを主成分とする。

💡 解説
肢1：主にメタンでできており，エタン，プロパン，ブタンなどはほとんど含まれていない天然ガスは，乾性天然ガスですね。

正解　1

【問題2】　C_3H_8 が95％，CO_2 が3％，N_2 が2％である組成のガス $1 m^3_N$ を燃焼するために必要な理論空気量（m^3_N）はおよそいくらか。ただし，空気中の酸素濃度は21％とし，窒素の酸化物は生じないものとする。
1．18.5　　　　2．19.5　　　　3．20.5
4．21.5　　　　5．22.5

Q9：大気特論の問題をいくつか出して下さい。問題を解く練習をしたいと思います。

💡 解説

空気中の酸素 O_2 を消費するのは，C_3H_8（プロパン）だけですね。その化学反応式は次のようになります。

$$C_3H_8 + 5\,O_2 = 3\,CO_2 + 4\,H_2O$$
$$\downarrow \qquad \downarrow$$
$$22.4\,m^3 \quad 5 \times 22.4\,m^3$$
$$\downarrow \qquad \downarrow$$
$$1\,m^3 \quad 5\,m^3$$

燃料 $1\,m^3$ の中の C_3H_8 は（組成が体積で与えられていますので）$0.95\,m^3$ で，空気中の酸素濃度 21% を使いますと，

$$\text{理論空気量} = 0.95 \times 5 \times \frac{1}{0.21} \fallingdotseq 22.6\,m^3$$

正解　5

【問題3】 プロパン C_3H_8 の $1\,m^3_N$ を空気比 1.1 で完全燃焼させたとき，乾き燃焼ガス量（m^3_N）はほぼいくらになるか。最も近いものを選べ。

1．12　　　2．15　　　3．18
4．21　　　5．24

💡 解説

燃焼反応式とそれぞれの体積は，

$$C_3H_8 + 5\,O_2 \rightarrow 3\,CO_2 + 4\,H_2O$$
$$1\,m^3_N \quad 5\,m^3_N \quad 3\,m^3_N \quad 4\,m^3_N$$

従って，プロパン $1\,m^3_N$ が完全燃焼する理論空気量 A_0 は，

$$A_0 = \frac{5}{0.21} = 23.8\,m^3_N$$

空気比 $m = 1.1$ であって，生成する CO_2 が $3\,m^3_N$ ですから，乾きガス量 G' は，

$$G' = mA_0 - 0.21\,A_0 + 3 = (m - 0.21)A_0 + 3$$
$$= (1.1 - 0.21) \times 23.8 + 3 = 24.2\,m^3_N$$

正解　5

第6編　大気特論

【問題4】 炭素86%の重油燃焼において，湿り燃焼ガス中の炭酸ガス濃度（%）はおよそいくらか。ただし，湿り燃焼ガス量は $15\ m^3_N/kg$ とする。
1．8.7　　　　2．9.8　　　　3．10.7
4．11.8　　　5．13.0

解説

炭素の燃焼により生成する CO_2 は，

$$C\ +\ O_2 \rightarrow\ CO_2$$
$$12\ kg \qquad\qquad 22.4\ m^3_N$$

炭素が1kgでは，

$$22.4 \div 12 \fallingdotseq 1.87\ m^3_N$$

炭素濃度は86%ですので，炭素0.86 kgから発生する CO_2 が，

$$1.87\ m^3_N \times 0.86 \fallingdotseq 1.6\ m^3_N/kg$$

湿り燃焼ガス量が $15\ m^3_N/kg$ と与えられていますので，

$$湿り燃焼ガス中の CO_2 濃度 = \frac{1.6}{15} \times 100 \fallingdotseq 10.7\%$$

正解　3

【問題5】 排煙脱硫法に関する記述として，次のうち正しいものはどれか。
1．塩基性硫酸アルミニウム溶液による吸収法では，塩基度が高いと水酸化アルミニウムのフロックが生成し，脱硫率が向上する。
2．低濃度 SO_2 の水への溶解度は，SO_2 の分圧が高いほど，また，水温が高いほど大きくなる。
3．水酸化ナトリウム溶液による吸収法では，$NaOH/SO_2$（モル比）が無限大から2になるまでは，SO_2 の平衡分圧は零である。
4．消石灰スラリーによる吸収法では，排ガス中の CO_2 は SO_2 の吸収反応に関与しない。
5．鉄触媒を含む希硫酸による吸収法では，常温で SO_2 は吸収されて硫酸を生成する。

解説

肢1：塩基性硫酸アルミニウムは，硫酸と結合していない Al_2O_3 の全 Al_2O_3 に対する割合を x としますと，$(1-x)Al_2(SO_4)_3 \cdot xAl_2O_3$ と書かれ，$100x$（%）を塩基度といいます。塩基性硫酸アルミニウム溶液による吸収法は塩基度

が大きいほどSO_2を多く吸収しますが，水酸化アルミニウム$Al(OH)_3$のフロックを生成しやすく，フロックが生成しますと脱硫率は低下します。設問の「脱硫率は向上する」は誤りです。塩基度約10，pH 3～5の吸収液を用い，次のようにSO_2を吸収します。

$$(1-x)\,Al_2(SO_4)_3 \cdot x\,Al_2O_3 + 3x\,SO_2$$
$$\rightarrow (1-x)\,Al_2(SO_4)_3 \cdot x\,Al_2(SO_4)_3$$

肢2：「SO_2の分圧が高いほど，また，水温が低いほど大きくなる」が正しいです。吸収操作で誤りやすいこととして，温度が高いほど吸収しやすくなると思いがちですが，実は，低温ほど吸収しやすくなるのです。気体は高温ほど蒸気圧が高くなりますので，気体のままでいる傾向が強くなります。誤解されやすいので試験にも極めて出題されやすい事項です。

肢3：$NaOH/SO_2$（モル比）が2以上なら，SO_2は次のように反応吸収され，
$$2\,NaOH + SO_2 \rightarrow Na_2SO_3 + H_2O$$
この場合のSO_2平衡分圧は0となります。正しい記述です。

肢4：消石灰スラリーによる吸収法では，排ガスのCO_2が反応して溶解度の大きい炭酸水素カルシウム$Ca(HCO_3)_2$を生成し，これが次の反応式のようにSO_2の吸収に関与します。誤りです。
$$Ca(HCO_3)_2 + SO_2 + H_2O \rightarrow CaSO_3 \cdot 2H_2O + 2CO_2$$

肢5：鉄触媒を含む希硫酸による吸収法では，SO_2は吸収されて亜硫酸となり，55℃付近ではほぼ完全に空気酸化されて硫酸になります。誤りです。

正解　3

第6編　大気特論

【問題6】　化学発光方式による窒素酸化物自動計測器の原理に関する記述として，正しいものは次のうちどれか。
1．NO_2とエチレンが反応すると化学的に発光することを利用したものであり，NOxを測定する場合は触媒で酸化してNO_2としたのち測定する。
2．NOとエチレンが反応すると，化学的に発光することを利用したものであり，NOxを測定する場合は触媒で還元してすべてNOとしたのち測定する。
3．NOおよびNO_2がオゾンと反応すると，化学的に発光することを利用したものであり，直ちにNOxが測定できる。
4．コンバーターは，NOをNO_2に変換するために用いるものである。

第6編　大気特論

5．NO とオゾンが反応すると，化学的に発光することを利用したものであり，NOx を測定する場合は触媒で還元してすべて NO としたのち測定する。

💡解説

肢1：NO とオゾン O_3 の反応により生成する NO_2 の一部が励起状態（NO_2*）となって，これが基底状態に戻るときに，エネルギーを光として出します。

$$NO + O_3 \rightarrow NO_2 + O_2$$
$$NO_2^* \rightarrow NO_2 + h\nu\ （光）$$

この光の強度はガス中の NO 濃度に比例しており，分析計では光の光電子増倍管で電流に変換して指示記録します。触媒で酸化して NO_2 としたのち測定するという記述は誤りです。

肢2：NO と反応するものはエチレンではなく，オゾンです。誤りです。

肢3：「NO とオゾン」の反応です。「NO_2 とオゾンの反応」の部分の記述は誤りです。NO と NO_2 がオゾンと反応するなら「直ちに測定」できますが，NO_2 とだけ反応しますので，肢4のコンバーターが必要になります。

肢4：コンバーターは，NO を NO_2 に変換するためではなく，NO_2 を NO に変換するためのものです。

肢5：設問の通りです。

正解　5

【問題7】　JIS による排ガス中の SO_2 連続分析方法である赤外線吸収法において，測定値に影響を与える共存成分はどれか。
1．窒素　　　2．塩素　　　3．酸素
4．二酸化炭素　5．水素

💡解説

赤外線吸収法による JIS の排ガス中 SO_2 連続分析方法は，SO_2 の 7.3 μm 付近の赤外線吸収量の変化を測定します。共存ガスの影響は SO_2 と吸収スペクトルの重なる水分，CO_2，炭化水素などがあります。その他の選択肢の窒素，塩素，酸素および水素は，同種の元素からなる2原子分子ですので，その形の分子は赤外線を吸収しません。肢4の二酸化炭素が赤外線を吸収してしまうことは，地球温暖化が問題になっていることに大きな関係があります。

正解　4

第7編
ばいじん・粉じん特論

どのような問題が出題されているのでしょう！

（出題問題数　15問）

1）ほぼ毎年出題されているものとして，次のような内容が挙げられます。
　・バグフィルター関係　　3〜4題　・電気集じん機関係　　　2題
　・石綿測定法関係　　　　1〜2題　・ダスト分析用捕集法　1〜2題

2）毎年ではなくても，それに準じて出題されているものとしては，次のようなものがあります。
　・ダストの粒径分布　　・発生ダスト状況　　　・遠心沈降速度
　・障害物形式集じん装置　・洗浄集じん装置　　・フード形式
　・ダスト層の圧力損失　・排ガス中の水分測定　・慣性力集じん装置
　・大気汚染防止法の規制　・石綿対策　　　　　・ダスト濃度の測定法
　・集じん装置の流速　　・集じん装置全般　　　・サイクロン

空気の中の細かい粒子を取るのは とってもたいへんなんだろうなぁ

第7編　ばいじん・粉じん特論

Q1　粒子の大きさである粒径については，いろいろな定義があるようですが，それらについて教えて下さい。

A. 粒径の定義

粒子は大きさや形が様々ですし，さらに分布もありますので，粒径（粒子径）を単純に決めるのは難しく，その表現にも多くの工夫や形式があります。

1) 一つの粒子の粒径（単一粒子径）

次のように多くの定義があります。いかに苦心しているかを示していますね。

表7-1　各種の粒径の定義

粒径の名称	その定義
短軸径	粒子投影像を2本の平行線で挟んだ時の最小間隔
長軸径	短軸径に平行な2本の平行線で投影像を挟んだ時の間隔
長短平均径	短軸径と長軸径の算術平均値径
定方向径（Feret径）	一定方向の平行線で投影像を挟んだときの間隔
面積等分径（Martin径）	一定方向の線による粒子投影面積を二等分する線分の長さ
円相当径（Heywood径）	粒子投影面積と等積の円の直径
正方形相当径	粒子投影面積と等積の正方形の一辺の長さ
球相当径	粒子体積と等しい体積を持つ球の直径

2) 分布のある粒子の代表径・平均径

表7-2　各種の代表径の定義

代表径の名称	その定義
中位径（メディアン径，50%粒径）	度数分布の中央に位置する粒子の径です。

Q1：粒子の大きさである粒径の定義についてまとめて教えて下さい。

モード径（最大頻度径，最頻度径，最頻粒子径）	グラフに示しますように，最も数の多い粒子の径です。 （縦軸：20%, 10%／横軸：粒子径(μm)，矢印位置：モード径（最頻粒子径））

第7編　ばいじん・粉じん特論

単一粒子径を d_p として次のような式で定義されるものをまとめます。少しややこしいかもしれませんが，全てを覚えなくてもこれらの間の違いを理解していただけるとよろしいでしょう。

表7-3　各種の平均径の定義

平均径の名称	その定義
個数平均径 （算術平均径）	単純に数平均（相加平均）を取ったものです。 $\sum\left(\dfrac{n}{\sum n}d_p\right)=\dfrac{\sum(nd_p)}{\sum n}$
長さ平均径	長さ（d_p）の重みを付けた平均です（分母分子に nd_p がかけられています）。 $\sum\left(\dfrac{nd_p}{\sum(nd_p)}d_p\right)=\dfrac{\sum(nd_p^2)}{\sum(nd_p)}$
面積平均径	面積（d_p^2）の重みを付けた平均です（分母分子に nd_p^2 がかけられています）。 $\sum\left(\dfrac{nd_p^2}{\sum(nd_p^2)}\right)=\dfrac{\sum(nd_p^3)}{\sum(nd_p^2)}$
体積平均径	体積（d_p^3）の重みを付けた平均です（分母分子に nd_p^3 がかけられています）。 $\sum\left(\dfrac{nd_p^3}{\sum(nd_p^3)}d_p\right)=\dfrac{\sum(nd_p^4)}{\sum(nd_p^3)}$
平均表面積径	正方形と仮定した表面積を平均して平方根を取った径となります。 $\sqrt{\dfrac{\sum(nd_p^2)}{\sum n}}$
平均体積径	立方体と仮定した体積を平均して立方根を取った径となります。 $\sqrt[3]{\dfrac{\sum(nd_p^3)}{\sum n}}$

Q2 ふるい上分布やロジン・ラムラー分布などというものが出てきますが,これらは何ですか?

A. 粒子分布の種類

粒子の大きさにもばらつきがありますので,粒径(粒子径)分布の表現にもいくつかの方法があります。そのうち,ふるい上分布とロジン・ラムラー分布を説明します。

1) ふるい上分布

ある粒径より大きい粒子が全体に対して占める割合をふるい上と言い,記号として R で示します。図 7-1 の下図で右下がりの実線がふるい上曲線(R 曲線)です。極めて細かいふるいでふるうとほとんど全ての粒子がふるいの上に乗りますので,一番径の小さいところで R 曲線は 100% になっています。

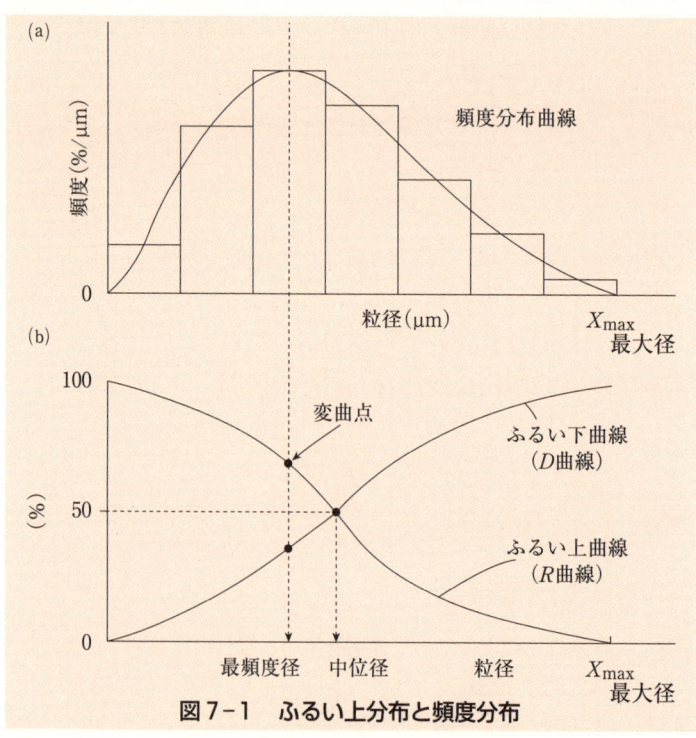

図 7-1 ふるい上分布と頻度分布

Q2：ふるい上分布やロジン・ラムラー分布などというものは何ですか？

それに対して，右上がりの曲線がありますが，これはふるい下曲線（D 曲線）と呼ばれます。これは極めて粗いふるい（目の大きなふるい）でふるった時に100％になります。

図の中で，モード径や中位径（メディアン径）がおわかりになりますか。

2）ロジン・ラムラー分布

少し難しい式を使う分布ですので，概念だけを見ておいていただければ，それ以上覚える必要もないでしょう。

ロジン・ラムラー分布は，産業活動の過程で発生するダストの粒径分布がよく従うとされる分布式で，ふるい上を R［％］とし粒度特性係数を β および β' 分布指数（あるいは均等数）を n としますと，次のようになります。

$$R = 100 \exp(-\beta d_p^n)$$

あるいは，

$$R = 100 \times 10^{-\beta' d_p^n}$$

二つ目の式の常用対数をとり，整理して再び対数を取りますと，

$$\log(2 - \log R) = n \log d_p + \log \beta'$$

となります。式の変形は無理に追わなくても結構です。最後の式を見ますと，縦軸に $\log(2 - \log R)$ を，横軸に $\log d_p$ をとる時，勾配 n で切片 $\log \beta'$ という直線を示すことになります。

n が大きい時に直線は急な勾配となり，粒径範囲が狭くなって粒子の大きさがそろいます。逆に，n が小さい時は，粒径範囲が広がって粒径分布は広くなります。

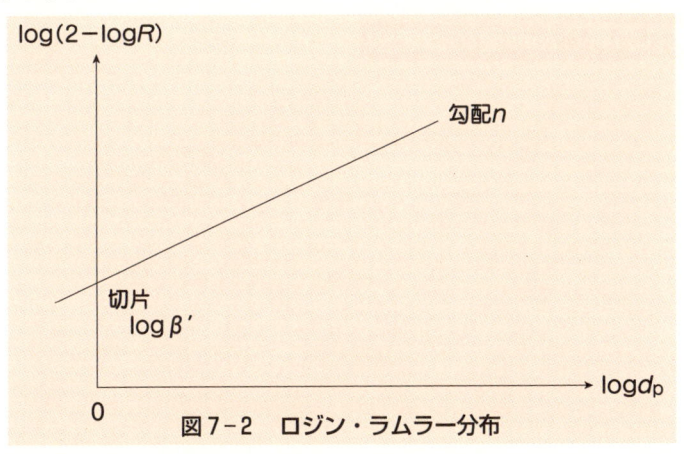

図7-2 ロジン・ラムラー分布

第7編　ばいじん・粉じん特論

Q3 力学的な集じん方式にはどのようなものがあるのですか？原理や内容について教えて下さい。

A. 力学的集じん技術

力学的な集じんの技術には次の3種類があります。

表7-4　力学的な集じん方式

集じん方式		集じんの原理
重力集じん		重力による自然沈降により気流からダストを分離します。
慣性力集じん	衝突方式	じゃま板に衝突した気流中のダストが気流から分離されます。
	反転方式	急激に方向転換された気流中のダストはその慣性力で気流から分離されます。
遠心力集じん		円筒状の内筒とすり鉢状の外筒とから成るサイクロンで、接線方向から外筒に入った気流が旋回しながら下方に流れ、最下部で反転して内筒内側を上昇して排出される間に、ダストは遠心力で外筒内壁にたまり徐々に下降します。

それぞれの集じん装置の概念図

① 重力集じん装置

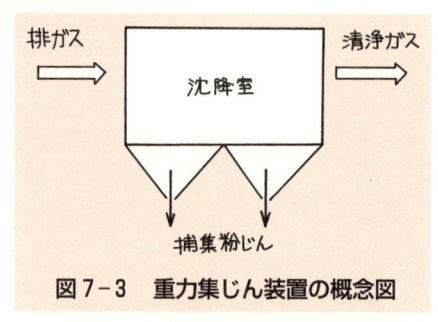

図7-3　重力集じん装置の概念図

Q3：力学的な集じん方式にはどのようなものがあるのですか？教えて下さい。

② 慣性力集じん装置

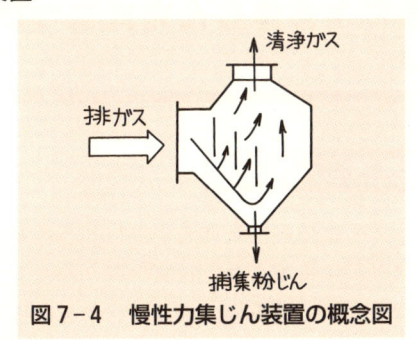

図7-4　慣性力集じん装置の概念図

③ 遠心力集じん装置

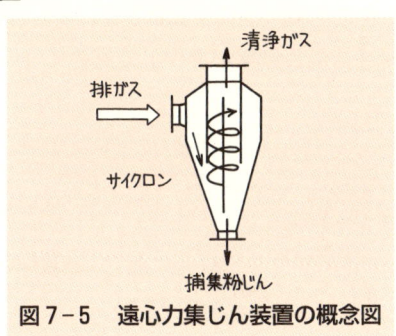

図7-5　遠心力集じん装置の概念図

ダストの分離が良くなる条件

　一般的に力学的集じん装置において，ダストの分離が良くなる条件として次のような点が挙げられます。
1）気体粘度が小さいこと
2）ダスト密度が大きいこと
3）装置の大きさに対して，相対的に気流速度が小さいこと

Q4 電気による集じん方式について教えて下さい。

A. 電気集じんの原理

　高電圧の直流の電極の間を通過する粉じんに電子をぶつけ，マイナスあるいはプラスに帯電させて粉塵を取り除く機械です。平板形の場合，中心にマイナスの放電極，両側にプラスに接続された電極板（集じん極）を取り付けます。通常は放電極を負としてコロナ放電（50～60 kV の直流高電圧）させます。コロナ放電とは，鋭い先端部を持つ電極と平板からなる不平等電界（正極と負極が形の上で対称でない電界）による持続性放電です。

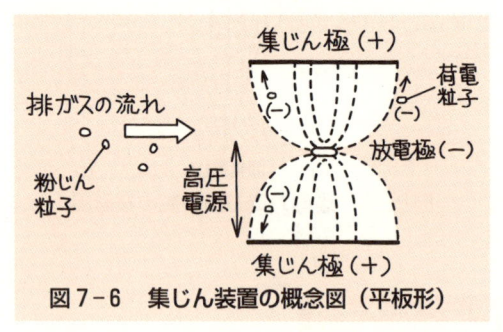

図7-6　集じん装置の概念図（平板形）

　電子はマイナス極からプラス極に流れますので，粉じんに放電極から飛び出した高いエネルギーを持つ電子がぶつかり粉じんがマイナスに帯電し，クーロン力で引き寄せられてプラスの集じん極に集まります。

電気集じんの基本技術

1）荷電時間と集じん率

　次のドイッチェの式が用いられます。移動速度を w_e [m/s]，補正係数を K，集じん極と放電極との距離を b [m]，集じん極の気流方向の有効長さを L [m]，集じん装置内の処理ガス速度を v [m/s] としますと，集じん率 η は次のようになります。

$$\eta = 1 - e^{-at}$$

Q4：電気による集じん方式について教えて下さい。

ここに，定数 a および荷電時間 t は次のように書かれます。

$$a = \frac{w_e K}{b} \qquad t = \frac{L}{v}$$

これらより，ガス速度が小さいと荷電時間 t が大きくとれ，集じん率も高くなることがわかります。処理ガス速度 v は，乾式で0.5〜2 m/s，湿式で $v = 1〜3$ m/s に取られます。湿式の方が，少し速くても効果があります。

2）荷電電圧と集じん率

粉じんの移動速度は電界強度と次のような関係にあります。k，k' を定数として，

粉じん移動速度 $= k$（電界強度）^{2} ［電界荷電域］（粒径 2 μm 以上）
$\qquad\qquad\quad = k'$（電界強度） ［拡散荷電域］（粒径 0.2 μm 以下）

どの場合でも電流より電圧を高くする方が集じん率が向上します。

ここで電界荷電とは，粒径 2 μm 以上の粒子の状態で，電流に由来するイオンが電界の電気力線（電子の流れやすい方向線）に沿って移動し粒子に付着して荷電します。荷電数（荷電電子個数）は粒子径の 2 乗に比例し，電界荷電強度に比例します。

拡散荷電は粒径 0.2 μm 以下の粒子がなる状態で，イオンは帯電粒子と同符号の電荷を持つもののクーロン反発力（電気的な反発力）に逆らって熱運動によって粒子に付着し，より強く帯電します。

【問題】 電気集じんの集じん率 η に関するドイッチェの式は次のどれが正しいか。ただし，荷電時間を t とし，移動速度 w_e [m/s]，補正係数 K，集じん極と放電極との距離 b [m] より定まる定数 a を次のように取る。

$$a = \frac{w_e K}{b}$$

1. $\eta = 1 - e^{-at}$　　2. $\eta = 1 - e^{at}$　　3. $\eta = 1 - e^{t/a}$
4. $\eta = 1 - e^{-t/a}$　　5. $\eta = 1 - e^{t+a}$

解説

正解は前ページにも述べましたように肢1ですね。

正解　1

第7編 ばいじん・粉じん特論

Q5 洗浄集じんといわれる方式について教えて下さい。

A. 洗浄集じんの原理

洗浄集じんとは，水滴や水膜によって粉じんを捕集する方式です。固体粒子を主に捕集しますが，気体状の物質を吸収することも可能です。従って，バグフィルターや電気集じん装置などの乾式方式の後段に設置して捕集効率を高めることもあります。

洗浄集じんの種類

洗浄集じんには，水滴や水膜と排ガスを接触させる方式として，次のように多種のものがあります。

① **スプレー塔（噴霧塔）**
　排ガスに洗浄水を噴霧する方式です。水滴と排ガスとの接触時間が長いほど，また，排ガス流速が低くなるほど洗浄効率が高くなります。

② **充てん塔スクラバー**
　充てん材を詰めた固定層の上から洗浄水を降らせて充てん材表面に水膜を作り，これに粉じんを付着させます。ミスト（小液滴）を取るデミスターを付けることで効率も上がりますが，圧力損失（流れ抵抗）も大きくなります。やはり，排ガス流速が小さいほど洗浄効率がよくなります。

③ **流動層スクラバー（ハイドロ・フィルター）**
　粉体や中空プラスチックを流動状態（あたかも液体のように流れる状態）にして気液の接触効率を向上させ，粉じんを捕集します。

④ **サイクロン・スクラバー**
　力学的集じんで用いられるサイクロンの中心軸よりスプレー・ノズルで水噴霧します。水滴分離がしやすいので，次に示しますベンチュリ・スクラバーの気液分離器として使用されることもあります。

Q5：洗浄集じんといわれる方式について教えて下さい。

⑤ ベンチュリ・スクラバー
　スロート部（のどのような部分）で排ガスが細く絞られて，注入される加圧洗浄水とともに高速気液混相流となって噴出する間に，液と粉じんが効率よく接触します。

⑥ ジェット・スクラバー
　高圧ノズルによって洗浄液を旋回噴出させて排ガス吸引し，やはりスロート部で加速され拡大管で減速します。ベンチュリ・スクラバーと同様に，拡大管の中で慣性を持った液と粉じんが接触します。

⑦ 溜水式洗浄集じん装置
　洗浄容器にためた水に排ガスを通し，水滴や水膜を形成させて粉じんを捕集します。種類も多く，Ｓインペラー型，ガス旋回型等があります。

⑧ 回転式洗浄集じん装置
　洗浄水と排ガスを円板や羽根車によって回転させて，混合，攪拌し，形成された水滴，水膜，気泡などによって粉じんを捕集します。さらに，次の2種があります。
　a）タイゼン・ワッシャー
　　ランナーと呼ばれる羽根車と，多数の羽根を取り付けたケーシングによって捕集します。
　b）インパルス・スクラバー
　　円板によって回転させる方式です。

【問題】 次の集じん装置において，洗浄集じんには属さないものはどれか。
1．ハイドロ・フィルター　　2．スプレー塔
3．タイゼン・ワッシャー　　4．重力集じん装置
5．ジェット・スクラバー

解説
肢4の重力集じん装置は力学的なもので，洗浄方式ではありませんね。

正解　4

第7編　ばいじん・粉じん特論

第7編　ばいじん・粉じん特論

Q6 ろ過集じんとはどんな集じん方法なのですか？わかりやすく教えて下さい。

A. ろ過集じんの原理

ろ過する布であるろ布（バグ）に排ガスを通して粉じんを集めます。ろ布は基本的に撚糸（よりをかけて作った糸）でできています。バグフィルターと呼ばれます。

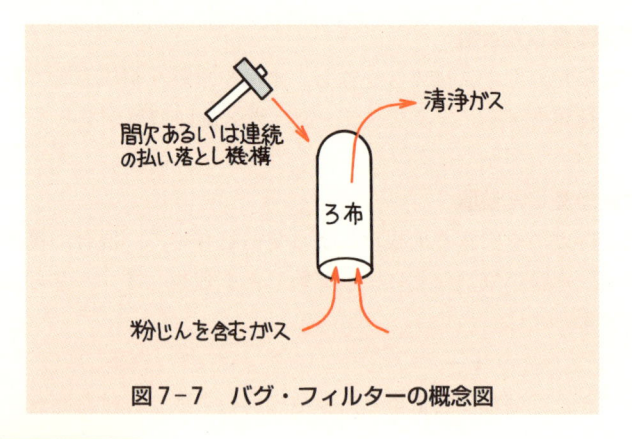

図7-7　バグ・フィルターの概念図

ろ過集じんの機構

① **慣性衝突付着**

比較的粗い粉じんの持つ運動の慣性力によって撚糸に付着させます。粉じんの粒径や密度，ガス速度が大きいほど捕集しやすく，また，ガス粘度やろ布繊維の直径が小さいほど捕集しやすくなります。

② **遮り付着**

粉じんのぶつかった撚糸が物理的に粉じんを捕まえます。

③ **重力付着**

粉じんが落ちながら付着するもので，粉じん粒径や密度が大きいほど捕集しやすく，また，ガス粘度やガス速度が小さいほどこの作用での捕集はよくなります。

Q6：ろ過集じんとはどんな集じん方法なのですか？わかりやすく教えて下さい。

④ 拡散付着

0.1μm以下の微粒子粉じんがブラウン運動によって粉じん濃度の低い方に拡散移動し，撚糸に付着します。ガス粘度，粉じん粒径，撚糸直径，ガス速度が小さいほど付着しやすく，ガス温度は高温であるほどガス粘度が低下して捕集しやすくなります。

バグフィルターの技術

① 粉じん付着層の特徴（次の2層からなっています）

a）一次付着層

ろ布を構成する撚糸の間に付着する層で，払い落とし操作によってくずれることのない層です。

b）払い落とし層

間欠あるいは連続の払い落とし操作によって払い落とされる層です。

② バグフィルターの圧力損失

運転時の圧力損失は最大でも2 kPa（200 mmH$_2$O）程度にしておきます。それ以上になりますと，送風機の負荷が大きくなってサージング（送風機などの流量をしぼって運転する際に，振動と騒音を起こし，流量や圧力，回転速度などが変動する現象）などの望ましくない状態になり，送風機の吸引性能が低下します。一般にバグフィルターの圧力損失 ΔP は次式で表されます。

$$\Delta p = \Delta p_0 + \Delta p_d = (\zeta_0 + \alpha m_d)\mu v \quad [\text{kPa}]$$

ここで，ろ布の圧力損失を Δp_0 [kPa]，粉じん層の圧力損失を Δp_d [kPa]，ろ布の抵抗係数を ζ_0 [1/m]，たい積粉じん比抵抗を α [m/kg]，たい積粉じん負荷を m_d [kg/m^2]，ガス粘度を μ [Pa·s]，見かけろ過速度を v [m/s] としています。

2種類のろ布の形態

ろ布には，2種の形態（織布と不織布）があります。ろ布の素材には多くの種類がありますが，最高使用温度150℃の商品名テトロン（ポリエステル系）が最も多く用いられます。また，高価ですが250℃まで使用可能な商品名テフロン（四ふっ化エチレン系）などもあります。

第7編 ばいじん・粉じん特論

第7編　ばいじん・粉じん特論

Q7 コゼニー・カルマンの式は複雑ですが，覚えなければなりませんか？

A. コゼニー・カルマンの式は，充てん層における圧力損失を表す式のことで，バグフィルターのダスト層関係において出てきます。式の形は，充てん層の圧力損失を Δp [Pa] として，次のようになります。

$$\Delta p = k \frac{m_d \eta v}{\rho d^2} \cdot \frac{1-\varepsilon}{\varepsilon^3} \quad （コゼニー・カルマンの式）$$

ここに，それぞれの変量は次のものです。

- m_d：ろ層負荷（単位面積当たりのダスト量）[kg/m²]
- η：ガスの粘度 [kg/(m·s), Pa·s]
- v：ろ過速度 [m/s]
- ε：空げき率（空隙率）[-]
- ρ：ダスト密度 [kg/m³]
- d：ダストの粒子径 [m]（一般に，比表面積径を使います）
- k：定数

ここで，ろ層負荷 m_d はダストの充てん状態から，ろ層厚み L [m] と次の関係にあります。

$$m_d = (1-\varepsilon)\rho L$$

このろ層負荷 m_d を先のコゼニー・カルマンの式に代入しますと，

$$\Delta p = k \frac{\eta v L}{d^2} \cdot \frac{(1-\varepsilon)^2}{\varepsilon^3} \quad （コゼニー・カルマンの式）$$

これもコゼニー・カルマンの式と呼ばれるもので，表現によって $(1-\varepsilon)$ の1乗に比例する式と2乗に比例する式とがありますので，混乱されないようにお願いします。

説明が長くなりましたが，この式をすべて覚える必要は必ずしもありません。しかし，試験では圧力損失 Δp が何に比例するか，あるいは反比例するか，という観点で出題されることがかなりありますので，何がどのように影響するかを頭に入れておかれることがよいでしょう。

分子で言いますと，L（ろ層厚み），η（水の粘度），v（ろ過流速）に比例すること，そして分母の $d^2 \varepsilon^3$ の影響が重要でしょう。粒子径・空げき率を「け

Q7：コゼニー・カルマンの式は複雑ですが，覚えなければなりませんか？

い・くう」と呼んで「2乗・3乗」に反比例すると考えましょう（空げき率の場合は，正確には分子にも表れていますので，正しく3乗とも言えませんが）。

第7編 ばいじん・粉じん特論

【問題】 ダスト層を通過するガスの抵抗を圧力損失で表した場合，その圧力損失は次のどれにどのように比例するか。ただし，n 乗に比例する場合 n と，n 乗に反比例する場合 $-n$ と書くものとする。

	ガス粘度	ガスの通過速度	ダスト層の厚み	ダストの平均粒子径
1	1	1	1	-2
2	1	-1	1	-1
3	-1	1	-1	-2
4	1	-1	1	-2
5	-1	1	1	-1

解説

これはコゼニー・カルマンの式をそのまま聞いている問題ですね。意味から考えてもほぼおわかりになると思います。

正解　1

第7編　ばいじん・粉じん特論

Q8 送風ラインのところで，フードやダクトなどが出てきますが，これらはどんなものですか？

A. 送風ラインとは

　送風ラインとは，名前の通り風を送る配管系統のことで，作業において発生する排煙や粉じんを拡散させないで受ける吸い込み口であるフード（英語のhood）や気体を運ぶ管であるダクト（風導管，通風管），そして，風を移動させる送風機などからなっています。

フード

次のような型式があります。
1）ブース型フード
　最も多く用いられるもので，作業のために開口にする必要のある面以外の面を囲んで空気を吸込みます。比較的少ない風量を吸込むことで運転できますので，処理量が少なくなって効果的です。

2）囲い型フード
　粉じん発生源を全面的に囲みます。排風量が最も少なくフードの効果が最も大きいものです。

3）外付け型フード
　粉じん発生源を囲めない場合に設けられます。次のようなタイプがあります。
　a) 側方式
　　側面から吸込む方式です。

Q8：送風ラインにおいてフードやダクトなどが出てきますが，教えて下さい。

b) エアカーテン方式
　　吸気の反対側から空気を層状に送り込んで空気のカーテンをつくり，粉じんなどが逃げないようにします。
c) プッシュプル方式
　　「押して引く」という意味で，片方の側面から送風して，反対側の側面で吸気する方式です。
d) レシーバー方式
　　一定方向を向いて流れる汚染気体流（熱浮力による上昇流，回転による慣性流など）を吸気する形のフードです。

ダクト

① ダクトの形
　　形として断面が四角の角ダクトや丸断面の丸ダクトなどがあります。建築設計図から施工図に基づいて製作が行われ，現場で組み合わされて完成されます。材質として，最も一般的なものが亜鉛めっき鉄板で，その他，防錆用合金めっきのガルバリウム鋼板，やはり防錆用のステンレス鋼板，耐食，耐薬品用の塩ビ被覆鋼板などがあります。

② ダクトの輸送速度
　　ダクトは気体を運ぶ管ですが，気体に含まれる粉じんなどがダクトの中途で堆積したり停滞したりしないような風速で運転しなければなりません。含まれる粉じんの沈みやすさによって，10〜25 m/s 程度の風速を持たせます。

送風機

送風機にはファンと呼ばれるものとブロワーと呼ばれるものがあります。
a) ファン
　　吐出圧力が 9.8 kPa（980 mmH$_2$O）未満の送風機です。
b) ブロワー
　　吐出圧力が 9.8 kPa（980 mmH$_2$O）以上で，98 kPa 未満の送風機を言います。

第 7 編　ばいじん・粉じん特論

Q9 排ガス中の粉じんや特定粉じん濃度の測定法について教えて下さい。

A. 粉じん（ばいじん）の採取方法

粉じんの採取方法の装置として一例を図に示します。

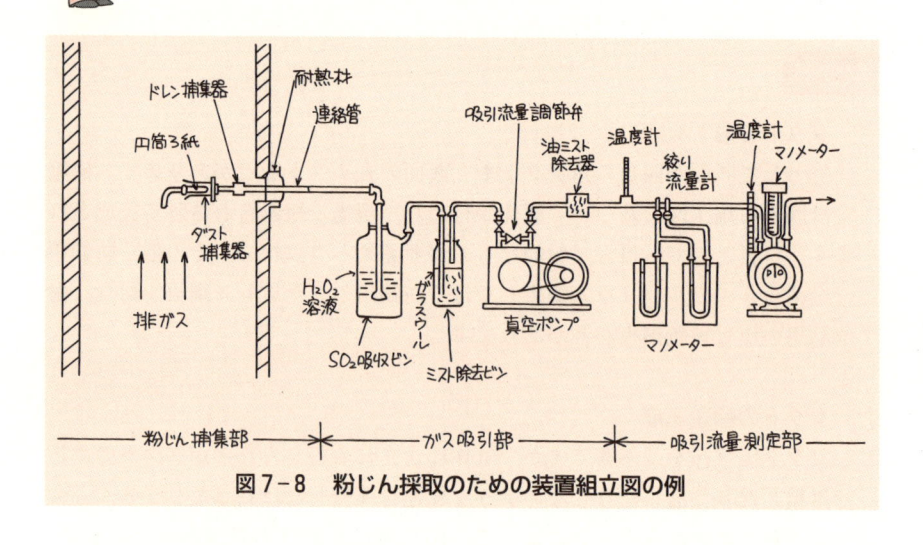

図7-8　粉じん採取のための装置組立図の例

　煙道内に測定孔を設け，吸引ノズルを煙道内に挿入し排ガスの流速と等しい速度で気流と平行に吸引（等速吸引）します。この等しい速度と平行吸引の2つがとても重要です。これが守られなければ粉じん濃度に誤差が出ます。
　吸引流速が遅い場合の方が誤差は大きいので，実際のガス速度より－5～＋10％以内で吸引することが適切です。吸引角度も望ましくは0°ですが，できるだけ10°以内の角度で行います。

粉じんの採取位置

a) 一般に煙道やダクトにおいて，断面形状の急変部やわん曲部を避けます。

Q9：排ガス中の粉じんや特定粉じん濃度の測定法について教えて下さい。

b) 排ガスの流れ状態が均一で一様な部分をできるだけ選びます。
c) なるべく5 m/s以上の流速の場所を選びます。
d) 作業を安全に行える場所を選びます。
e) 測定孔は内径100 mm程とし，測定が終われば閉じられるようにします。
f) 煙道断面形状や大きさに応じ，断面を等面積で適当な数に区分し，その区分ごとに測定します。

一般粉じん関係測定項目

一般粉じん（アスベストを除く粉じん）の測定においては，次の項目を測定します。
・ガス流速
・温度
・水分（実測する場合と，燃料供給条件からの計算による場合とがあります）
・粉じん濃度（ろ紙捕集して重量測定し，排ガス吸引量から濃度に換算します）

特定粉じん関係測定項目

特定粉じんとは石綿（アスベスト）が対象です。これは顕微鏡（位相差顕微鏡および生物顕微鏡として切替使用可能な光学顕微鏡）で数を数えるという特殊な方式によります。排ガス吸引量をV [L_N]，捕集ろ紙の有効ろ過面積をA [cm^2]，計数繊維数の合計をN [本]，顕微鏡の視野の面積をa [cm^2]，計数を行った視野の数をn [－] として，石綿濃度F [本/L_N] を次式で求めます。

$$F = \frac{AN}{anV}$$

計数繊維数とは，多少ややこしい概念ですが，位相差顕微鏡だけでは石綿以外のものを数える可能性がありますので，それで数えたものと生物顕微鏡で数えたものの差を求める形を取ります。

第7編　ばいじん・粉じん特論

Q10 練習のために，ばいじん・粉じん関係の基礎練習問題をいくつか出して下さい。

では，肩慣らしに基礎の問題を少し解いてみましょう！

【問題1】　単一粒子径の名称とその定義の組合せとして，正しいものはどれか。

	単一粒子径の名称	その定義
1	長短平均径	短軸径と長軸径の幾何平均値
2	定方向最小径	一定方向の平行線で投影像を挟んだときの間隔
3	円相当径	粒子投影像に外接する円の直径
4	球相当径	粒子体積と等しい体積を持つ球の直径
5	立方体相当径	体積が等しい立方体の対角線の長さ

解説

肢1：長短平均径は，短軸径と長軸径の幾何平均ではなくて，単純平均（相加平均）です。

肢2：一定方向の平行線で投影像を挟んだときの間隔は，定方向径と言われます。最小径とは言われません。

肢3：円相当径は，外接円の直径ではなくて，粒子投影面積と等しい面積の円の直径になります。

肢4：設問の通りです。

肢5：立方体相当径という定義はありませんが，もしあったとしても対角線の長さではなくて，一辺の長さになります。

正解　4

【問題2】　バグフィルターの圧力損失について，誤っているものを選べ。
1. ろ布の圧力損失と粉じん層の圧力損失の和である。
2. 堆積粉じん比抵抗の増大によって増大する。

Q 10：練習のため，ばいじん・粉じん関係の基礎練習問題をいくつか出して下さい。

3．堆積粉じん負荷の減少によって増大する。
4．見かけろ過速度に比例する。
5．ガス粘度に比例する。

💡解説

バグフィルターの圧力損失ΔPは次式で表されます。この式からもわかりますように，堆積粉じん負荷の減少ではなくて，増大によって大きくなります。

$$\Delta P = \Delta P_0 + \Delta P_d = (\zeta_0 + \alpha m_d)\,\mu v \quad [\text{kPa}]$$

ここで，ΔP_0はろ布の圧力損失[kPa]，ΔP_dは粉じん層の圧力損失[kPa]，ζ_0はろ布の抵抗係数[1/m]，αは堆積粉じん比抵抗[m/kg]，m_dは堆積粉じん負荷[kg/m²]，μはガス粘度[Pa·s]，vは見かけろ過速度[m/s]です。

正解　3

第7編　ばいじん・粉じん特論

【問題3】　バグフィルターの維持管理に関する記述として，誤っているものはどれか。
1．集じん室内の排ガス温度を酸露点＋20℃以上で運転する。
2．可燃性ガスを含む場合は，炉回りダクトから排風機までの残留ガスを完全に放出してから起動する。
3．間欠式払い落とし方式の場合，規定差圧で運転する一番の理由は，ろ布の寿命を延ばすためである。
4．発生源施設が停止したのち，10分間程度はバグフィルターおよび排風機の運転を継続する。
5．高電気抵抗粉じんの場合は，ろ布に金属繊維を織り込むことや，ろ布支持金具を接地するなどの静電気対策をとる。

💡解説

肢1：硫酸による低温腐食を防止するためです。
肢2：正しい記述です。
肢3：バグフィルターの粉じん払い落とし方式には，間欠式のものと連続式のものとがあります。間欠式では，集じん室を3室～4室に仕切り，処理ガスの入口および出口ダクトにそれぞれダンパーを設け，圧力損失が規定値に達した場合，その室の入口及び出口ダンパーを閉じ，ろ布に付着した粉じんの払い落としを行います。間欠式では，最高値を1.5～2 kPa（150～200 mmH₂O）として規定差圧で運転されます。この一番の理由は，ろ布

の寿命を延ばすためではなく，粉じんによるろ布の目詰まりで圧力損失が大きくなると排風機がサージングを起こす（風量が絞られすぎて排風機が騒音や振動を起こす）ことにより，吸引が悪くなるからです。

肢4：発生源装置が停止しても発生源装置から集じん装置までのダクト内には含じんガスが残留していて，10分間程度は排風機を運転し集じんします。

肢5：静電気を帯びた高電気抵抗粉じんの処理には，ステンレス繊維を織り込んだもの，あるいはグラファイト処理をした織布などが用いられます。これは静電気を逃がして，帯電粉じんの吸着を容易にするためです。

正解　3

【問題4】　一般の洗浄集じん装置において支配的となる集じん機構として，不適当なものはどれか。
1．拡散機構　　　2．凝集現象　　　3．重力
4．静電気力　　　5．慣性力

解説

　洗浄集じん装置は，洗浄液を分散すること，または含じんガスを分散することによって生成された液滴，液膜，気泡などによって，含じんガス中の微粒子を分散捕集する装置です。

　この洗浄集じんでは，慣性力，拡散力，凝集力，重力などが利用され，慣性力と重力とは粒子径が大きいほど大きく，拡散力と凝集力とは粒子径が小さいほど大きな集じん作用力となります。電気集じん装置は，静電気力を利用する装置ですが，一般の洗浄集じん装置では，静電気力を利用する試みは実用化されていません。

正解　4

【問題5】　湿式管形電気集じん装置の特徴に関する記述として，誤っているものはどれか。
1．水膜の形成が困難で，使用水量が多い。
2．高抵抗ダストによる逆電離現象の心配がない。
3．集じん極板上でダスト付着がないので，高い電界強度が得られる。
4．乾式に比べ，基本速度を2倍ほど大きくとることができる。
5．水膜形成に用いる水は，かなりの部分を再循環して使用し，一部を排水処理工程にかける。

Q10：練習のため，ばいじん・粉じん関係の基礎練習問題をいくつか出して下さい。

💡**解説**

　湿式管形電気集じん装置は，集じん極に鋼管を用いて，集じん管の内面に常時水膜を形成しておき，捕集ダストは水膜によって流下するようになっているものです。

　集じん極，放電極および支持グリッドなどに付着した粉じんは，水膜水量を増加することや，洗浄用スプレー水によって洗浄できますので，電極のつち打ちによる粉じんの払い落としは行いません。

　この湿式管形はカーボンブラックのような微細な粒子でも，ほとんど100％捕集することが可能で，次のような特徴があります。

（ア）　管形集じん極は平板管と比べ，膜が形成しやすく使用水量が少ない。
（イ）　集じん管内が水膜によって常に洗浄されて，ダスト付着が少ないため，電極間隔が一様で高い電界強度で運転できる。
（ウ）　ダストの見掛け電気抵抗率によって起きる異常再飛散や，逆電離などの現象を避けることができる。
（エ）　乾式平板形に比較すると，湿式管形では処理ガス速度を約2倍とすることができる。
（オ）　水膜を形成するための水の再循環，使用水の一部の排水処理が必要である。

　従って，誤っている記述は，肢1となります。

　　　　　　　　　　　　　　　　　　　　　　　　　　　正解　1

【問題6】 JISによるダスト捕集器の準備に関する記述として，正しいものはどれか。
1．一般に，ろ紙は100℃未満の温度で十分に乾燥してから秤量（ひょうりょう）する。
2．秤量用の天びんは，感量0.1mg以下のものを用いる。
3．秤量は，相対湿度70％の環境で行う。
4．ろ紙を通るガスの見掛け流速は，5m/s以下となるようにダスト捕集器を選ぶ。
5．排ガス温度が100℃以上のときは，あらかじめ350℃の温度で乾燥し，ろ紙が十分に加熱減量を起こすようにする。

第7編　ばいじん・粉じん特論

💡 **解説**

肢1：ろ紙は，あらかじめ105〜110℃で十分乾燥し，デシケーター中で室温まで冷却し秤量します。100℃未満では十分な乾燥が保証されません。

肢2：これは正しい記述です。重量測定をされたことのある方でしたら，0.1 mg以下がどの程度のものかおわかりと思います。

肢3：秤量は湿度50%の環境が望ましいとされています。誤りです。

肢4：ろ紙を通るガスの見掛けの流速は0.5 m/s以下となるようにします。

肢5：排ガス温度が100℃以上の場合は，ろ紙が排ガスと同程度の温度で恒量となるまで加熱します。やはり誤りです。

正解　2

【問題7】 排ガス中の水分に関する記述として，正しいものはどれか。
1．ダスト濃度は，湿りガス吸引量に対する採取ダスト質量として算出される。
2．湿りガス流量は，瞬間流量計により測定する。
3．水分量の測定は，ダクトの寸法に応じて定められた数の測定点で行う。
4．水分量の測定は，等速吸引の条件で行わなければならない。
5．使用燃料の量や組成および送入空気の量と湿分がわかっている場合には，水分量は計算により求めてもかまわない。

💡 **解説**

肢1：ダスト濃度は，標準状態（温度0℃，圧力101.3 kPa）の乾き排ガス（水分を除いたガス量）1 m^3_N 中に含まれるダストの質量を言います。

肢2：湿りガス流量の測定は，積算流量計（湿式ガスメーター）によって行われ，フローメーターなどの瞬間流量計は，吸引流量の確認のために用いられます。

肢3：JISでは，水分量の測定はダクト断面の中心部に近い1点だけから試料ガスを採取してよいとしています。誤りです。

肢4：水分量の測定の場合には等速吸引の必要はありません。JISには吸湿管による方法と計算から求める方法が規定されています。誤りです。

正解　5

第8編
大気有害物質特論

どのような問題が出題されているのでしょう！

（出題問題数　10問）

1) ほぼ毎年出題されているものとして，次のような内容が挙げられます。
- ・ガス吸収技術　　　1～2題
- ・特定物質について　1～2題
- ・事故時の措置　　　1題
- ・有害物質発生源　　1題
- ・塩化水素分析法　　1題

2) 毎年ではなくても，それに準じて出題されているものとしては，次のようなものがあります。
- ・排ガス中の鉛分析法
- ・排ガス中の塩素分析法
- ・排ガス中のカドミウム分析法
- ・排ガス中のふっ素分析法
- ・ガス吸着法
- ・ふっ素化合物の性状
- ・カドミウム化合物の特徴
- ・含鉛排ガスの処理法
- ・塩素製造法
- ・有機塩素化合物の用途

Q1 ガス吸収の技術について，簡単にポイントを教えて下さい。

A. ガス吸収とは

ガス吸収技術は排ガス中の有害物質を液相に移す技術で，液相に移した後で処理します。この技術の基本法則が次項で説明しますヘンリーの法則です。

ヘンリーの法則

気相と液相とが接して長時間を経た状態を気液平衡状態と言いますが，その系で，液中の対象成分のガス濃度 c [kmol/m³] と気中のそのガスの分圧 p [Pa] が次の関係にあるという法則です。分圧とは，気相全体の圧力中で，その成分が示す圧力のことです。蒸気圧中のその成分の分と考えて下さい。

$$p = Hc \quad (H：ヘンリー定数 [Pa・m^3/kmol])$$

この法則は簡単な式の形ですので，試験にも出題されやすくなっています。頭に入れておいて下さい。

温度が上がると吸収効率は改善される？

吸収の問題で「ガス吸収は温度が高いほど効率がよくなる」という文章の正誤が問われることがあります。皆さんはどう思われますか？一般に反応や溶解において，温度が上がるほど進むことから，吸収効率も温度を上げると改善されるように考えがちですが，実は，逆なのです。

気体は温度が上がると蒸気圧が高くなって，気体のままでいやすいので，液相に溶け込みにくくなります。これは吸収効率が下がるということです。吸収は一般に温度が低いほど良くなります。誤解しやすいので気をつけましょう。

ガス吸収塔の高さ

ガス吸収は一般に塔の形をした装置で，下から処理すべき排ガスを導入し，

Q1：ガス吸収の技術について，簡単にポイントを教えて下さい。

塔の上から吸収液を降らせることで，目的とするガス成分を液側に移します。その塔の直径は，一定の流速（ガス，液）を確保するための断面積から決まります。その高さは，次のような概念で決められます。つまり，

（ガス吸収塔の高さ）＝（移動単位数当たりの高さ）×（移動単位数）

ここで，移動単位というわかりにくい概念が出てきましたが，「移動単位数」とは，処理されるガスの濃度と吸収液の濃度から求められる数値で（計算の仕方は専門的になりますので説明を割愛しますが），濃度差などの観点から見て，吸収しやすい場合には小さく，吸収しにくい場合には大きな値をとるものです。処理すべき仕事の難しさと思って下さい。

また，「移動単位数当たりの高さ」とは，効率の良い装置では塔の高さが低くても吸収ができますので，処理する仕事当たりの塔の高さを表します。数値が小さいほど，低い塔で同じ仕事ができることを意味します。

つまり，塔の高さは，仕事の難しさ（移動単位数）と仕事をこなす能力（移動単位当たりの高さ）の掛け算で決まると思って下さい。

第8編 大気有害物質特論

第8編　大気有害物質特論

Q2 ガス吸収装置にはどのようなものがあるのかについて教えて下さい。

A. ガス吸収装置の分類

ガス吸収装置の内部は，基本的に液相と気相からなっています。そのため，次の大分類があります。

1）液分散型吸収装置

気相の中に液滴や液のかたまりを分散させるタイプです。水に溶けやすいガスを吸収する際は，気相における境界付近のガス拡散が律速（ガス拡散速度を決める要素）となりますので，液をガス中に分散することによってガス体積を確保し気相内の移動を容易にします。

次のような装置があります。

表8-1　液分散型吸収装置の種類

分類	装置の概要
スプレー塔	上昇する気体流に向けて，洗浄液を上からスプレーします（霧状に降らせます）。
充てん塔	充てん物を詰め込んだ塔の下から気体を上昇させ，塔の上から洗浄液をできるだけ均一に降らせます。
流動層スクラバー[注1]	上昇ガス流によって流動[注2]する小さな固体を塔内に入れ，それを流動させながら，気液接触を図ります。洗浄液は上から降ります。
サイクロン・スクラバー	円筒状の塔内を旋回上昇するガス流の中に，中央部から洗浄液滴をスプレーし，遠心力も利用して捕集し，ガス吸収を図ります。
ベンチュリ・スクラバー	ガス流が，絞られたスロート部[注3]で噴射される洗浄液と接触して洗浄され，その液滴を集めます（集じん装置でも出てきましたね）。

注1）スクラバーとはガス洗浄装置の意味です。
注2）流動とは，小さな固体群が液体のように挙動することです。
注3）スロート部とはのどのような部分のことです。

Q2：ガス吸収装置にはどのようなものがあるのかについて教えて下さい。

2）ガス分散型吸収装置

液相の中に気体を分散させるタイプです。水に溶けにくいガスを吸収する場合，液側の界面抵抗が大きくなりますので，液量を多くして吸収速度をかせぎます。一般に，液中にガスを気泡として分散させる型式が有効です。

次表のようなタイプがあります。

表8-2　ガス分散型吸収装置の種類

分類	装置の概要
ジェット・スクラバー	ノズルから高圧で液を噴射し，その液中に有害ガスを吸引して気液接触させます。ガス量が少ない時に効果があります（やはり，集じん装置でも出てきましたね）。
棚段塔	ガスを液中に分散させる棚（トレイ，一般に多孔板）が上下方向に一定間隔で設けられています。
気泡塔	吸収液の入った塔底部にガスを分散器で吹込み，気泡とします。

第8編　大気有害物質特論

【問題】　次に示すガス吸収装置の種類の中で，ガス分散型吸収装置に属するものはどれか。
1．ベンチュリ・スクラバー　　2．流動層スクラバー
3．ジェット・スクラバー　　　4．スプレー塔
5．サイクロン・スクラバー

💡解説
スクラバーという名前であっても，ガス分散型と液分散型の両方があります。肢3のジェット・スクラバーはガス分散型吸収装置に属しますが，設問中のその他のスクラバーやスプレー塔は，ガス相（気相）の中に液が分散される形式となっています。

正解　3

Q3 吸着とはどんな現象ですか？また，吸着を説明する理論について教えて下さい。

A. 吸着とは

　吸着とは固体の表面に，原子，分子，微粒子などが着く（付着する）ことです。少し難しく言いますと，「固相と接する気相または液相中の物質が，固相の表面に入り込み固相内部の濃度と異なる濃度で平衡に達する現象」とも言います。逆に，吸着していた物質が表面から離れることは脱着と言います。

　吸着する物質（固体）を吸着剤，吸着される物質を吸着質と言います。次のような二種類の吸着があります。

　物理吸着：ファン・デル・ワールス力などの比較的弱い結合によって吸着するものを言います。

　化学吸着：化学反応によって生ずる共有結合などの強い結合による吸着です。

　吸着の現象を説明し，また，数量的に取り扱うために，次のようないくつかの式とその理論が提唱されています。

ヘンリー形吸着等温式

　吸着量と濃度が比例する関係の式で，最も単純な形と言えます。Q1（P 224）のヘンリーの法則そのものです。吸着量を q，濃度を c としますと，係数を k として，

$$q = kc$$

ラングミュアの吸着等温式

　次のような前提で作られた理論です。
- 吸着質分子は単分子層（モノレイヤー）で吸着される。
- 吸着表面は均一である。
- 吸着質分子どうしは，相互作用をしない。

- 一つの吸着サイト（箇所）は一つの吸着質分子としか結合しない

式の形としては，気体の圧力をp，吸着平衡定数をK，固体表面の吸着率をθ（シータ）としますと，

$$\theta = \frac{Kp}{1+Kp}$$

BETの吸着等温式

前提条件は，
- 一つの吸着サイト（箇所）は一つの吸着質分子と結合し，その吸着質分子が別の吸着質分子（第2層以降）とも結合しうる。
- 第2層以降の吸着では吸着熱を放出する。

式の形は，平衡圧力をp，飽和蒸気圧をp_0，定数をC，吸着量をV，完全単分子層に相当する吸着量（第2層以降の吸着がないと仮定した場合）をV_mとして，次のようになります。難しい式なので覚えなくて結構です。

$$\frac{V}{V_m} = \frac{Cp/p_0}{\left(1-\dfrac{p}{p_0}\right)\left\{1+(C-1)\dfrac{p}{p_0}\right\}}$$

フロイントリッヒの吸着等温式

古くから知られている実験式で，化学工学の分野などでは非常によく使用されています。Xを吸着された量，mを吸着剤の重量，pを平衡圧力としますと，nおよびkを定数として，

$$\frac{X}{m} = kp^{1/n}$$

となります。nやkは実験的に求められます。英語読みでフロインドリッヒと書く人もいますが，ドイツ語読みとしてフロイントリッヒが正しいです。

第8編　大気有害物質特論

Q4 有害物質の特徴やその処理技術についてまとめて教えて下さい。

A. 有害物質の種類

大気関係において，有害物質には次の5種類があります。これらの発生源については，第5編 Q11（P162）をご覧下さい。同様に⑤の窒素酸化物については，その特徴や処理技術についても同ページをご覧下さい。

① カドミウムとその化合物
② 鉛とその化合物
③ ふっ素，ふっ化水素，ふっ化けい素
④ 塩素，塩化水素
⑤ 窒素酸化物

有害物質の特徴

1) カドミウムとその化合物

周期律表上で亜鉛と同族のため，一般に一緒に出ます。
① **金属カドミウムの特徴**：白色，融点321℃，沸点767℃
② **カドミウム化合物**：酸化カドミウム［CdO］，硫化カドミウム［CdS］，塩化カドミウム［$CdCl_2$］，炭酸カドミウム［$CdCO_3$］，硫酸カドミウム［$CdSO_4$］，シアン化カドミウム［$Cd(CN)_2$］

2) 鉛とその化合物

① **金属鉛の特徴**：白色，融点327℃，沸点1,750℃
② **鉛化合物**
　a) 無機化合物：酸化鉛［PbO，別名リサージ］，塩化鉛［$PbCl_2$］
　b) 有機化合物：四エチル鉛（既に生産中止），ステアリン酸鉛など

3) ふっ素，ふっ化水素およびふっ化けい素

① 特徴

Q4：有害物質の特徴やその処理技術についてまとめて教えて下さい。

第8編　大気有害物質特論

a) ふっ素（F_2）：特異臭の黄緑色気体。沸点−88℃，水と激しく反応してふっ化水素（HF），オゾン（O_3），過酸化水素（H_2O_2），あるいは，ふっ化酸素（OF_2）を生じます。
b) ふっ化水素（HF）：無色の発煙性気体。沸点19℃。水には無限に溶け，ふっ化水素酸になります。強い腐食性があって，ガラスや多くの金属を溶かしますが，解離定数が小さいため弱酸です。
c) ふっ化けい素（SiF_4）：水に溶けると二酸化けい素（SiO_2）とヘキサフルオロけい酸（H_2SiF_6）になります。

$$3\,SiF_4 + 2\,H_2O \rightarrow 2\,H_2SiF_6 + SiO_2$$

4） 塩素および塩化水素
① 特徴
a) 塩素：黄色の気体で，液化しやすい。空気より重く，不燃性，非爆発性ですが，化学的反応性の高い物質です。
b) 塩化水素：目の粘膜や上部呼吸気道への刺激の強い気体で，不燃性，非爆発性ですが，強い酸なので金属を腐食します。

有害物質の処理技術

1） カドミウムとその化合物
基本的に，粉じん対策，集じん技術によって対応します。

2） 鉛とその化合物
カドミウムと同様に，粉じん対策，集じん技術によって対応します。

3） ふっ素，ふっ化水素，四ふっ化けい素
① 一般的な処理技術
a) 水によく溶けますので，一般に水吸収します。ただし，ふっ素は爆発の危険性を避けて水酸化ナトリウム水溶液で吸収します。
b) ガス級数の場合は，気相中に液滴を分散させる吸収塔が用いられます。
c) 四ふっ化けい素は，水と反応して二酸化けい素を生じ装置腐食や閉塞のおそれがありますので，充てん塔などの詰まりやすい装置には用いられません。

② **アルミニウム電解炉におけるガス対策**
　発生ガスとして，地上系ガスと天井系ガスの2つが対象となります。
　a) 地上系ガス：アルミニウム電解炉周辺の排ガスで，高濃度です。処理技術には，次の3方式があります（除去率98〜99％）。
　　イ) 水洗法：除じんした後，スプレー塔，ハイドロ・フィルター，充てん塔，ベンチュリ・スクラバーなどが用いられます。
　　ロ) 水酸化ナトリウム水溶液吸収法：水酸化ナトリウム水溶液で吸収，氷晶石（Na_3AlF_6）を回収します。
　　ハ) アルミナ吸収法：アルミナ（酸化アルミニウム）粉末を吸収剤として流動層として用い，ふっ化アルミニウムを回収して電解炉で再利用します。
　b) 天井系ガス：電解炉設置室の天井付近に出る排ガスで，量は多いですが低濃度です。処理技術としては次の2方式がありますが，除去率は70〜80％程度です。
　　イ) 水洗法：スプレー塔とミスト除去器の組合せが一般に使われます。洗浄水に石灰スラリーを加えふっ化カルシウム（CaF_2，蛍石）として回収します。
　　ロ) 水酸化ナトリウム水溶液吸収法：名前の通りの反応吸収法です。

③ **焼成りん肥製造工程におけるガス対策**
　工程の回転窯(がま)排ガス中にふっ化水素やふっ化ナトリウムが発生します。
　a) 消石灰中和法：ふっ化水素を水吸収し，その液を消石灰で中和します。
$$2\,HF + Ca(OH)_2 \rightarrow CaF_2 + 2\,H_2O$$
　b) ふっ化水素回収法：硫酸ナトリウム水溶液で吸収，部分中和してふっ化水素ナトリウム（$NaHF_2$）として分離，500℃に加熱してふっ化水素（HF）を発生させて回収します。
$$2\,HF + NaOH \rightarrow NaHF_2 + H_2O$$
$$NaHF_2 \xrightarrow{500℃} NaF + HF \uparrow$$

④ **りん酸濃縮工程におけるガス対策**
　りん鉱石由来のHFやSiF_4が発生します。ヘキサフルオロけい酸（H_2SiF_6）水溶液で吸収します（スィフト法）。

⑤ **窯業におけるガス対策**

ガラス，耐火レンガ，釉薬（ゆうやく），瓦（かわら）製造で，ふっ化水素が発生します。

a) 湿式法：水酸化ナトリウム水溶液により吸収します。ふっ素イオンは消石灰で CaF_2 として固定します。

b) 乾式法：バグフィルターのろ布に粉末消石灰を塗って反応回収します。

4) 塩素および塩化水素の処理技術

① **一般的な処理技術**

a) ふっ素系物質と違って，塩素はあまり水に溶けやすくなく，液側界面での移動抵抗が移動速度を支配します。

b) 塩素を水酸化ナトリウム水溶液で吸収する場合や，塩化水素を水に吸収する場合は中和となって，よく進みますのでガス側界面抵抗が移動速度を支配します。

② **食塩水電気分解における塩素プロセスでの排ガス対策**

a) 水吸収法：酸性かつ酸化性のある液ですので，装置材質は合成樹脂やガラス，磁器などが用いられます。

b) シリカゲル吸着法：シリカゲルによる吸着方式です。

③ **塩化水素含有排ガス対策**

装置における使用材料は，

・塩酸系：ガラス，耐酸れんが，ホウロウ，陶磁器，ゴム，プラスチックなど

・塩化水素：400℃ までグラファイトが使用可能となります。

a) 金属塩化物製造工程，金属酸洗い工程：一般に充てん塔などを用いた水吸収法が採用されます。

b) 塩素化有機化合物の製造工程：塩酸として回収する場合，四塩化炭素（CCl_4）やクロロホルム（$CHCl_3$）で吸収した後に，塩化水素，有機化合物，塩素，塩素化物などを分離します。

第8編　大気有害物質特論

Q5 特定物質にはどのようなものがありますか。それらの性質や特徴，事故における処置について教えて下さい。

A. 特定物質の種類

特定物質の全部を詳細に覚えることはないでしょう。特徴のあるものを中心に，化学的知識を増やす努力をしていただければよろしいかと思います。

表8-3　特定物質の種類

常温の状態	沸点と融点		該当する物質
気体，または，気体になりやすい物質	沸点＜常温	空気より軽い	アンモニア
		ほぼ空気並み	一酸化炭素，塩化水素，ホルムアルデヒド，硫化水素，りん化水素
		空気より重い	二酸化硫黄，ふっ化けい素，塩素
	沸点≒常温	空気より軽い	ふっ化水素
		ほぼ空気並み	シアン化水素
		空気より重い	ホスゲン，二酸化窒素，エチルメルカプタン
液体で気体になりやすい物質	沸点＞常温		メタノール，アクロレイン，二硫化炭素，ベンゼン，ピリジン，三酸化硫黄，臭素，ニッケルカルボニル
固体	融点が常温よりやや高いもの		フェノール，黄りん
	昇華しやすいもの[注1]		二酸化セレン，五塩化りん

注1）昇華とは，固体が液体にならずに気体になることです（逆も昇華です）。

特定物質の性質

以下，重要な性質ごとにまとめてみます。

Q5：特定物質の性質や特徴，事故における処置について教えて下さい。

表8-4　溶解性による分類

区分	該当する物質
水に無限大に溶解するもの	ふっ化水素，シアン化水素，メタノール，ピリジン，フェノール（65℃以上），硫酸
水によく溶解するもの	ホルムアルデヒド，アンモニア，塩化水素，アクロレイン
水にあまり溶解しないもの	二酸化窒素，二酸化硫黄，塩素，二硫化炭素，臭素，ベンゼン
極めて水への溶解度が小さいもの	一酸化炭素，硫化水素，りん化水素，ニッケルカルボニル，エチルメルカプタン，黄りん

表8-5　酸性・アルカリ性による分類

区分		該当する物質
水に溶けて酸性を示すもの	強酸	二酸化窒素，二酸化硫黄，塩素，三酸化硫黄，ふっ化けい素，ホスゲン，クロルスルホン酸，黄りん，五塩化りん
	弱酸	ふっ化水素，シアン化水素，硫化水素，塩化水素，フェノール，二酸化セレン
水に溶けて弱アルカリ性を示すもの		アンモニア，ピリジン

表8-6　水との反応生成物

物質	水との反応生成物
二酸化窒素	硝酸(HNO_3)＋亜硝酸(HNO_2)
塩素	次亜塩素酸($HClO$)＋塩酸(HCl_{aq})[注1]
二酸化硫黄	亜硫酸(H_2SO_3)
二硫化炭素	二酸化炭素(CO_2)＋硫化水素(H_2S)
ふっ化けい素	ヘキサフルオロけい酸(H_2SiF_6)
ホスゲン	二酸化炭素(CO_2)＋塩酸(HCl_{aq})
二酸化セレン	亜セレン酸(H_2SeO_3)
クロルスルホン酸	硫酸(H_2SO_4)＋塩化水素(HCl)
黄りん	正りん酸(H_3PO_4)
三塩化りん	正りん酸(H_3PO_4)＋塩酸(HCl_{aq})
五塩化りん	正りん酸(H_3PO_4)＋塩酸(HCl_{aq})

注1）添え字のaqは水溶液の意味です。

表8-7　燃焼に関する性質

区分	該当する物質
引火点の低い物質	二硫化炭素（−30℃） アクロレイン（−18℃），シアン化水素（−18℃） ベンゼン（−11℃） ピリジン（20℃） エチルメルカプタン（27℃） フェノール（79℃）
発火点の低い物質	黄りん（34℃） りん化水素（40〜50℃） 二硫化炭素（100℃） 硫化水素（260℃） アクロレイン（278℃） エチルメルカプタン（299℃） ホルムアルデヒド（430℃） メタノール（464℃） ピリジン（482℃） ベンゼン（530℃） アンモニア（651℃），一酸化炭素（651℃） フェノール（715℃）[注1]
不燃性の物質	ふっ化水素，塩化水素，二酸化窒素，二酸化硫黄，塩素，硫酸，ふっ化けい素，ホスゲン，二酸化セレン，クロルスルホン酸，三酸化りん，臭素，五塩化りん

注1）数百℃であっても炎の温度としては，低いのです。

表8-8　爆発性に関する性質

区分	該当する物質
爆発性のあるもの	ホルムアルデヒド（最も広い爆発限界），一酸化炭素（2番目に広い爆発限界），アンモニア，シアン化水素，ベンゼン，ピリジン，フェノール，メタノール，硫化水素，りん化水素，アクロレイン，塩素（水素との混合気が危険。単独では不燃），二硫化炭素，エチルメルカプタン，ニッケルカルボニル
直接に爆発性はないが金属と触れると水素を発生し，爆発の危険性があるもの	塩化水素，硫酸，ふっ化水素，クロルスルホン酸

Q5：特定物質の性質や特徴，事故における処置について教えて下さい。

表8-9 毒性・刺激性に関する性質

区分	該当する物質
刺激性物質（一般に，体液に溶解しやすいものは刺激性があります）	ふっ化水素，塩化水素，二酸化硫黄，ふっ化けい素，メタノール，硫化水素，アクロレイン，塩素，アンモニア，ホルムアルデヒド，ホスゲン，二酸化セレン，二酸化セレン，クロルスルホン酸，黄りん，三酸化りん，臭素，五塩化りん（エーロゾルによる上部気道刺激），エチルメルカプタン（悪臭，不快刺激）
有毒性物質	シアン化水素，硫化水素，リン化水素，ホスゲン，塩素

表8-10 事故時の処置（漏えい・飛散した場合の処置法）

物質	水との反応生成物
水に対する溶解度の大なるもの（多量の水によって洗い流します）	・アンモニア，ピリジン，フェノール ・ふっ化水素，塩化水素，硫酸（発熱が大きいので，特に多量の水で流します）
注水を禁じるもの	・液体塩素（注水で気化が早まりますので禁水です） ・クロルスルホン酸（注水で極めて大きく発熱するため，特別の場合を除いて禁水です）
中和吸収するもの	（消石灰，ソーダ灰を用いるもの） ・ふっ化水素，塩化水素，塩酸，硫酸，クロルスルホン酸（噴霧吸収法） ・塩素には，特に次亜塩素酸ナトリウム220，炭酸ナトリウム175，水100の配合溶液によります。
特殊反応によるもの	・シアン化水素（硫酸鉄水酸化ナトリウム溶液での中和により，比較的無害なヘキサシアノ鉄（Ⅱ）酸ナトリウム（フェロシアン化ナトリウム）となります）

【問題】 水と反応して，硫化水素を発する物質は，次のうちどれか。
1．二酸化窒素　　　2．二酸化硫黄　　　3．ふっ化けい素
4．二硫化炭素　　　5．塩素

解説

硫化水素は H_2S ですので，これを発生させる物質は硫黄化合物でなければなりません。二酸化硫黄（SO_2）は水と反応して，亜硫酸を生じます。

$$SO_2 + H_2O \rightarrow H_2SO_3$$

肢4の二硫化炭素（CS_2）が水に溶けますと，次のように硫化水素を生じます。： $CS_2 + 2H_2O \rightarrow 2H_2S + CO_2$

正解　4

第8編　大気有害物質特論

Q6 有害物質の分析方法についてまとめて教えて下さい。

A. 有害物質の分析方法

有害物質の分析法を一覧表にまとめて見ますと，次のようになります。個別の分析法に関する説明はページの関係で割愛しますが，下記および章末にいくつかの問題を載せますので，その中でも学習下さい。コツコツとひとつずつ関連知識を増やしていかれることが合格への道になります。

表 8-11　大気関係有害物質の分析方法

対象物質	吸光光度法	イオン電極法	滴定法	イオンクロマトグラフ法	イオン電極連続分析法	原子吸光法	ICP発光分析法
ふっ素	ランタン－アリザリンコンプレキソン法 [620 nm]	○					
塩素	ABTS法 [400 nm] PCP法 [638 nm] o－トリジン法 [435 nm]						
塩化水素	チオシアン酸水銀（Ⅱ）法 [460 nm]	○	硝酸銀法	○	○		
カドミウム	ジチゾン法 [510～520 nm]					○ [228.2 nm]	○
鉛	ジチゾン法 [510～520 nm]					○ [217.0または283.3 nm]	○

なお，［　］内は測定波長です。また，略号を整理しておきますと，
・ABTS法：2,2'-アミノービス（3-エチルベンゾチアゾリン-6-スルホン酸）吸光光度法

Q6：有害物質の分析方法についてまとめて教えて下さい。

・PCP法：4-ピリジンカルボン酸-ピラゾロン吸光光度法
・o-トリジン法：二塩化3,3'-ジメチルベンジジニウム吸光光度法

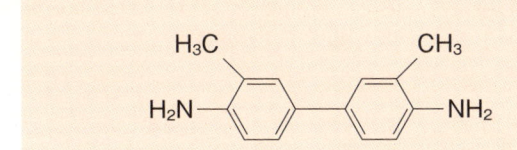

図8-1　オルトトリジン（3,3'-ジメチルベンジジン）

【問題1】　JISによる排ガス中の塩化水素分析法に関する記述として，誤っているものはどれか。
1．硝酸銀滴定法では，チオシアン酸アンモニウムが滴定試薬に使用される。
2．硝酸銀滴定法では，二酸化硫黄，シアン化物などの妨害がある。
3．イオン電極法では，吸収液として水酸化ナトリウム水溶液が使用される。
4．イオン電極法では，液温の変動が測定誤差の原因になる。
5．チオシアン酸水銀（Ⅱ）法では，試料溶液にメタノールの存在が必要である。

解説

　硝酸銀滴定法は，試料溶液に少量の硝酸を加え微酸性とし，これに硝酸銀溶液を加え，過剰の硝酸銀をチオシアン酸アンモニウム溶液で滴定する方法です。

$$HCl + AgNO_3 \rightarrow AgCl\downarrow + HNO_3$$

肢1：過剰の硝酸銀を含む溶液を，硫酸鉄（Ⅲ）アンモニウム溶液を指示薬とし，チオシアン酸アンモニウム NH_4SCN 溶液で滴定しますと，次のように反応してチオシアン酸銀 $AgSCN$ が生成しますが，加えられたチオシアン酸アンモニウムが溶液中の硝酸銀に対して過剰になると鉄イオンと反応し，チオシアン酸鉄（Ⅲ）を生成して溶液の色が赤橙色となりますので，これを終点とします。

$$AgNO_3 + NH_4SCN \rightarrow NH_4NO_3 + AgSCN$$
$$6\,NH_4SCN + 2\,(NH_4)Fe^{Ⅲ}(SO_4)_2 \rightarrow 2\,Fe^{Ⅲ}(SCN)_3 + 4\,(NH_4)_2SO_4$$

肢2および肢4は正しい記述です。
肢3：イオン電極法は，分析試料溶液に塩化物イオン電極を浸漬し，塩化物イオン濃度を測定します。排ガス中の塩化水素分析法でのイオン電極法の吸

収液は，硝酸カリウム溶液が用いられます。水酸化ナトリウム水溶液は誤りです。

肢5：チオシアン酸水銀（Ⅱ）法は，塩化水素を含む試料溶液に硫酸鉄（Ⅲ）アンモニウムとチオシアン酸水銀（Ⅱ）溶液を加えると，チオシアン酸鉄（Ⅲ）が生成するもので，赤橙色に発色した液の吸光度を測定し，塩素イオン標準液により作成した検量線から塩化水素濃度を求める方法です。

$$Hg(SCN)_2 + 2\,Cl^- \rightarrow HgCl_2 + 2\,SCN^-$$
$$3\,SCN^- + Fe^{3+} \rightarrow Fe(SCN)_3 \cdot 3\,H_2O$$

チオシアン水銀（Ⅱ），$Hg(SCN)_2$ は 0.4 g をメタノール CH_3OH 100 mL に溶かし，褐色瓶に保存します。

正解　3

【問題2】 JIS による排ガス中のふっ素化合物分析方法に関する記述中，下線を付した箇所のうち，誤っているものはどれか。

　試料ガスの採取には，(1)硫酸酸性過酸化水素水を吸収液として用いる。吸収液中に(2)鉄やアルミニウムなどの妨害イオンが存在する場合には，(3)二酸化けい素および過塩素酸を加えた水蒸気蒸留法により，ふっ化物イオンをけいふっ化水素酸として分離する。試料溶液に(4)ランタンとアリザリンコンプレキソンを加え，このとき生じた呈色液の吸光度を測定する。ふっ化物イオン標準液の調製には，(5)ふっ化ナトリウムを用いる。

解説

排ガス中のふっ素化合物分析方法は，JIS ではランタン-アリザリンコンプレキソン吸光光度法とイオン電極法があります。吸収液は 1 mol/L 水酸化ナトリウム溶液ですので，下線部(1)は誤りです。

下線部(2)〜(5)はそれぞれ正しい記述です。両方とも妨害成分が存在するときは，水蒸気蒸留を行います。

正解　1

【問題3】 JIS によるカドミウムの原子吸光分析法に関する記述として，誤っているものはどれか。

1. カドミウムを含む中空陰極ランプの使用により，共存元素の妨害が避けられる。
2. 分析感度を上げる方法として，イオン交換法や溶媒抽出法等が用いられる。

Q6：有害物質の分析方法についてまとめて教えて下さい。

3．ジエチルジチオカルバミン酸ナトリウムを用いる溶媒抽出法では，生成したキレートを酢酸ブチルで抽出する。
4．原子吸光分析法で測定される吸光度は，フレーム中の気体原子数の対数に比例する。
5．カドミウム標準液は，99.9％以上の金属カドミウムを硝酸に溶かして調製する。

解説

　JIS K 0083に規定されているカドミウムのフレーム原子吸光法は，試料溶液をアセチレン－空気フレーム中に噴霧し，カドミウムによる原子吸光を波長228.8 nmで測定してカドミウムを定量する方法です。

肢1：カドミウムのフレーム原子吸光法では，光源としてカドミウムの中空陰極ランプを用いて共存成分の影響を防いでいますので，正しい記述です。

肢2：カドミウムの濃度が低い試料溶液では，溶媒抽出濃縮法が行われます。また，試料溶液に多量の鉄，マンガン，亜鉛，銅などが含まれている場合は，イオン交換樹脂による分離などが行われますので，正しい記述です。

肢3：肢2で述べましたように溶媒抽出濃縮法です。正しいです。

肢4：フレーム原子吸光法は，試料を適当な方法で原子蒸気化し，生じた基底状態の原子がこの原子蒸気層を通過する特定波長の光を吸収する現象を利用します。吸光度は透過度の逆数の対数で表されますが，吸光度は原子蒸気の気体原子数に比例します。気体原子数の対数に比例するものではありません。

肢5：カドミウムの標準原液($0.1\,mg-Cd/mL$)は，99.9％以上のカドミウム0.1 gを硝酸($1+10$)50 mLに溶かし，水を加えて1 Lとします。正しいです。

正解　4

第8編　大気有害物質特論

Q7 大気の有害物質の問題を解く練習をしたいので，いくつか出題して下さい。

では，肩慣らしに基礎の問題を少し解いてみましょう！

【問題1】　有害物質の発生源に関する記述として，誤っているものはどれか。
1. 水酸化ナトリウム製造工程が塩素の発生源となるのは，食塩の電解では塩素も発生するためである。
2. 亜鉛精錬工程がカドミウムの発生源となるのは，カドミウムを含む閃亜鉛鉱が原料として用いられるためである。
3. アルミニウム精錬工程がふっ化物の発生源となるのは，ふっ素を含む氷晶石が主原料として用いられるためである。
4. りん酸製造工程がふっ化物の発生源となるのは，りん鉱石中のふっ化物も分解されるためである。
5. クリスタルガラス製造工程が鉛の発生源となるのは，鉛を含む原料が溶融されることがあるためである。

解説

肢1：電解法による食塩水から水酸化ナトリウムを製造するとき，陽極からは塩素ガスが発生します。

肢2：閃亜鉛鉱の主成分はZnS（硫化亜鉛）で，カドミウムはその鉱石中にCdS（硫化カドミウム）の形で含まれています。

肢3：氷晶石の化学組成は，$3NaF \cdot AlF_3$で，主な用途は冶金用融剤です。アルミニウム精錬工程のアルミナ Al_2O_3（主原料）の電解炉では電解浴として氷晶石，ふっ化アルミニウムが用いられ，アルミナ Al_2O_3 を約1,000℃で電解して金属アルミニウムが製造されるとき，$NaAlF_4$の蒸気が発生しこれが分解してダスト状のチオライト（$5NaF \cdot 3AlF_3$）とガス状のふっ

化水素（HF）を発生します。アルミニウム精錬工程の主原料はアルミナです。設問の主原料の記述は誤りとなります。

肢4：りん鉱石中には，ふっ素が2～6％含まれているのです。

肢5：クリスタルガラスとは，酸化鉛 PbO を 20～30％ 含むガラスを言います。

正解　3

【問題2】　排ガス中の有害物質の除去に関する記述として，誤っているものはどれか。

1．ふっ化水素は，水に対する溶解度が大きいので，水洗によって除去することが可能である。
2．ふっ化水素は，アルミナと反応してふっ化アルミニウムを生成するので，乾式吸収によって除去することが可能である。
3．四ふっ化けい素は，水と反応してけい酸とヘキサフルオロけい酸を生成するので，水洗に際して充てん塔の使用は好ましくない。
4．塩素は，水に対する溶解度が極めて小さく，水洗によって除去できない。
5．塩素は，水酸化ナトリウム水溶液とよく反応し，次亜塩素酸ナトリウムと塩化ナトリウムを生成することによって除去される。

解説

肢1：ふっ化水素 HF は，常温では無色の発煙性の気体であり，沸点は 19.4℃ と高く極めて液化しやすい物質です。また，ふっ化水素は極めて水に溶けやすく，その水溶液がふっ化水素酸です。水洗によって十分に除去できます。

肢2：ふっ化水素の乾式除去法の一つです。

$$Al_2O_3 + 6\,HF \rightarrow 2\,AlF_3 + 3\,H_2O$$

肢3：四ふっ化けい素は，水と反応してけい酸とヘキサフルオロけい酸を生じます。そこで生じたけい酸が目づまりを起こすことがあるため，ち密な充てん物を用いた充てん塔の使用は好ましくありません。四ふっ化けい素と水の反応は，次式の通りです。

$$3\,SiF_4 + 2\,H_2O \rightarrow 2\,H_2SiF_6 + SiO_2$$

肢4：塩素の水に対する溶解度は，水 100 mL 中 0℃で 1.46 g，10℃で 0.99 g，20℃で 0.72 g であり，ふっ化水素，塩化水素などに比較すると2ケタ程小さいですが，水に対する溶解度は他の難溶性ガスに比べるとそれな

第8編　大気有害物質特論

りに大きいので，溶解度が極めて小さいという記述は誤っています。高濃度の塩素を含むガスの洗浄では水洗法が用いられ，低濃度の場合でも大量の水で洗浄して除去することが可能です。

肢5：この記述は正しい記述となっています。反応式は下記のとおりです。

$2\,NaOH + Cl_2 \rightarrow NaCl + NaOCl + H_2O$

正解　4

【問題3】 特定物質が漏えいまたは飛散したときの措置として，誤っているものはどれか。
1．アンモニア，ピリジン，フェノールは，多量の水を使用して水洗する。
2．液体塩素が容器から漏れたときは，容器に注水する。
3．塩化水素または塩酸が漏れたときは水洗し，消石灰またはソーダ灰で中和する。
4．塩素ガスは，石灰乳または水酸化ナトリウム溶液で中和する。
5．シアン化水素は，硫酸鉄の水酸化ナトリウムアルカリ溶液で中和する。

解説

肢1：アンモニア（NH_3），ピリジン（C_5H_6N），フェノール（C_6H_5OH）のうち，アンモニア，ピリジンは水によく溶け，フェノールもいくらか溶けるので，多量の水を使用して水洗します。

肢2：塩素 Cl_2 は，常温で黄緑色，刺激臭のある有毒気体で，加圧すると簡単に液化しますので，ボンベに充てんして用います。塩素が漏れると，気化熱により空気中の水蒸気を結氷させますが，注水すると塩素の気化速度を速めてしまいます。また水と反応して漏洩個所の腐食を促進しますので，注水してはなりません。

肢3および肢4：塩化水素，塩酸，塩素ガスは，いずれも酸性物質であり，消石灰，ソーダ灰（水酸化ナトリウム灰），石灰乳および水酸化ナトリウムは，アルカリ性物質です。中和して塩として無害化します。

肢5：シアン化水素（HCN）は極めて有毒な物質です。致死量50～100 mgの毒物であって，摂取して5分以内で死亡します。硫酸鉄の水酸化ナトリウム溶液で中和しますと，比較的無害なフェロシアン化ナトリウムになります。

正解　2

Q7：大気の有害物質の問題を解く練習をしたいので，いくつか出題して下さい。

【問題4】 特定物質に関する記述として，次のうちで誤っているものはどれか。
1．アンモニアは刺激臭をもった気体である。水に対する溶解度が大きく，水溶液はアルカリ性を呈する。
2．硫化水素は腐卵臭をもった気体である。水溶液は弱い二塩基酸で，アルカリと反応して硫化物を生成する。
3．りん化水素は猛毒の気体であって，発火点が低く，完全燃焼すると五酸化りんと水を生成する。
4．臭素は赤褐色の液体である。空気に対する蒸気の比重は小さく，化学的活性が同族の塩素より大きい。
5．シアン化水素は揮発性の液体である。水に対する溶解度は極めて大きく，水溶液は弱酸性を呈する。

解説

肢1：アンモニアが水に溶ける反応は次のようになります。
$$NH_3 + H_2O \rightarrow NH_4OH \rightleftarrows NH_4^+ + OH^-$$

肢2：硫化水素（H_2S）は，腐卵臭の無色有毒気体です。水に対する溶解度は20℃，1気圧において 258 mL/100 g で，この溶液を硫化水素水と言います。水溶液中では，次のように2段に電離して，弱酸性の二塩基酸となります。K_1，K_2 は解離平衡定数です。

$$H_2S \rightleftarrows H^+ + HS^- \quad K_1 = 0.9 \times 10^{-7} \,(25℃)$$
$$HS^- \rightleftarrows H^+ + S^{2-} \quad K_2 = 1 \times 10^{-15} \,(25℃)$$

硫化水素水はアルカリと反応して硫化物を生成します。

肢3：りん化水素（PH_3）は，不快臭のある無色の気体で，極めて有毒です。PH_3 は酸素が十分ある条件で完全燃焼しますと，五酸化りんと水を生成します。

$$2PH_3 + 4O_2 \rightarrow P_2O_5 + 3H_2O$$

肢4：臭素（Br_2）は，沸点76℃の赤褐色の重い液体で，比重は約3です。分子量は $Br_2 = 160$ です。この蒸気の空気に対する比重は，次の通りです。

・空気の比重　$1.29 \, kg/m^3_N$
・臭素 Br_2　160 kg が $22.4 \, m^3_N$ を示しますので，
　$160 \div 22.4 = 7.14 \, kg/m^3_N$
　$7.14 \div 1.29 \fallingdotseq 5.5$（比重が空気の約5.5倍）

ハロゲン族元素の化学的活性は，次の順に弱くなります。

　　ふっ素（F）＞塩素（Cl）＞臭素（Br）＞よう素（I）

肢5：シアン化水素（HCN）は，比重0.687，沸点26℃の無色透明な揮発性の液体で，水に対する溶解度は無限大です。水溶液は弱酸性を呈します。

　　$HCN \rightleftarrows H^+ + CN^-$　　$K = 4.9 \times 10^{-10}$

正解　4

【問題5】　JISによる排ガス中の塩化水素の分析方法に関する記述として，誤っているものはどれか。
1．分析方法には，イオン電極法，硝酸銀滴定法及びチオシアン酸水銀（Ⅱ）吸光光度法の三つの方法がある。
2．試料ガス中の塩化水素の吸収には，三つの方法のいずれも水酸化ナトリウム溶液を用いる。
3．イオン電極法では，試料溶液に塩化物イオン電極を挿入して塩化物イオン濃度を測定する。
4．硝酸銀滴定法では，弱酸性とした試料溶液に硝酸銀溶液を加え，過剰の硝酸銀をチオシアン酸アンモニウム溶液で滴定する。
5．チオシアン酸水銀（Ⅱ）吸光光度法では，試料溶液にチオシアン酸水銀（Ⅱ）溶液と硫酸鉄（Ⅲ）アンモニウム溶液を加え，生成するチオシアン酸鉄（Ⅲ）の吸光度を測定する。

解説

　JIS-K-0107による排ガス中の塩化水素分析方法は，イオン電極法，硝酸銀滴定法およびチオシアン酸水銀（Ⅱ）吸光光度法となっています。

　吸収液は，イオン電極法では硝酸カリウムの0.1 mol/L，他の2方法では水酸化ナトリウムの0.1 mol/L溶液を用います。肢2が誤っています。

　3方法の測定原理は次のとおりです。

① イオン電極法

　分析用試料溶液に塩化物イオン電極を挿入し，塩化物イオン濃度を測定します。イオン電極は，特定イオンを含む溶液に浸すと，特定イオン活量に対数比例した電位を発生しますので，あらかじめ濃度と電位差の関係を求めておけば，電位差の測定によって濃度を求めることができます。

Q7：大気の有害物質の問題を解く練習をしたいので，いくつか出題して下さい。

② 硝酸銀滴定法

　試料溶液に少量の硝酸を加えて微酸性とし，これに硝酸銀溶液を加え，過剰の硝酸銀をチオシアン酸アンモニウム溶液で滴定します。

③ チオシアン酸水銀（Ⅱ）吸光光度法

　塩化水素を含む試料溶液に硫酸鉄（Ⅲ）アンモニウムとチオシアン酸水銀（Ⅱ）；$Hg(SCN)_2$ 溶液を加えますと，チオシアン鉄（Ⅲ）が生成しますので，赤橙色に発色した液の吸光度を測定し，塩素イオン標準液より作成した検量線から塩化水素濃度を求める方法です。

正解　2

酸素は毒ガス？

「酸素は毒ガスなんかであるはずがない」と思っておられる方が多いと思います。たしかに，酸素のあるところで私たちは生活しているわけですから，毒ガスではないと言えるでしょう。

しかし，実は地球ができたばかりの時の大気は，窒素（N_2）が5％と二酸化炭素（CO_2）が95％ということだったようです。金星や火星の大気は今でもほぼそのような成分比になっています。

従って，例えば最初に光合成をしたシアノバクテリア（らん藻）などは二酸化炭素が豊富にあることが前提で進化してきましたから，酸素にはなじみがなかったのです。その後，海にいた生物が，（おそらく最初は植物だったはずですが，）陸地に上がる際にも（それまでの光合成の結果として大気に増えていた）酸素という当時の生物にとって有害なガスの多い陸地に進んでいった時には，酸素の害を防ぐための抗酸化物質（還元性物質）を作りながら上陸していったということです。そのため，今でも多くの野菜や果物が，ビタミンやポリフェノールなどの活性酸素対策物質を持っていることは，このことの名残りだそうです。

そのおかげで，私たちが野菜や果物をたくさん食べることによって活性酸素による発ガンを防ぐことがある程度できるということになるのです。ありがたいことですね。

第9編
大規模大気特論

どのような問題が出題されているのでしょう！

（出題問題数　10問）

1) ほぼ毎年出題されているものとして，次のような内容が挙げられます。
   - 大気拡散関係　　　　　　　　　　2題程度
   - 大気汚染シミュレーション・モデル　1〜2題
   - ごみ焼却炉関係　　　　　　　　　1題
   - 火力発電所関係　　　　　　　　　1題

2) 毎年ではなくても，それに準じて出題されているものとしては，次のようなものがあります。
   - 風速とその分布
   - 気温勾配
   - 地上濃度計算
   - 強制対流について
   - 移流性逆転
   - パスキルの拡散幅
   - 大規模設備全般
   - セメント製造関係
   - クラウス法
   - 原油の特徴
   - 石油製品の特徴

第9編　大規模大気特論

Q1 大気の安定・不安定という用語や、気温の逆転という用語が出てきますが、これらはどういう意味ですか？安定の方が不安定より良い状態と考えていいのですか？また、逆転とは何に対する逆転なのですか？

A. ### 安定とは良い意味か？

　安定とは変化しにくいという意味ですから、普通は良い意味に用いられることが多いかもしれませんね。しかし、変化しにくいということが本来の意味ですから、例えば、「借金の金額が安定」では良い意味とは言えませんね。これと同様に、大気の安定とは大気が動きにくいことを言います。

大気はどういう時に動きにくくなって、どういう時に動きやすくなるの？

　その条件は気温がポイントです。普通の大気は、地上から上へ行くほど気温が下がります。100 m の上昇で約1℃の低下となります。これは気圧の低下に伴う断熱膨張によるものですが、あくまでも標準的な状態の場合です。実際の大気は暖気団がまとまって上昇したり、寒気団が地上に流入したりと、標準からはずれることもよくあることです。

　標準的な気温分布とは逆の分布の場合を、「気温の逆転」と呼んでいます。この時の大気の特徴は、どんな状態でしょうか。上空の気温の方が下層の空気より高温の場合、空気のかたまりが上昇すると上昇した位置の周囲は空気の温度が高いので、その密度は低い状態です。従って、上昇した空気のかたまりは周りより重いために、下に沈みます。つまり、もとあった方向に押し戻されるのです。

　これとは逆に、空気のかたまりが下に移動しようとすると、下の方が低温ですので密度が大きく、下に移動しようとした空気のかたまりの方が軽いため上の方に押し戻されます。

Q1：大気の安定・不安定や，気温の逆転の意味について教えて下さい。

　以上のように，気温の逆転の状態とは，空気は上がろうとしても下げ戻されますし，下がろうとしても上げ戻されますので，大気が動きにくい状態です。これが「大気の安定」です。
　空気が動きにくいということは，それ自体では良いか悪いかが決まりません。良い空気なら動かないことが良いことでしょうし，悪い空気なら速く動いて薄まってもらいたくなります。いつまでも悪い空気がこもっていると，そこにいる人や動植物にとって望ましい状態ではありませんね。

第9編　大規模大気特論

表9-1　大気の安定と不安定の状態比較

大気の状態	気温分布の状態	気温分布		空気のかたまりの挙動	
		上空ほど	低空ほど	少し上がった空気塊	少し下がった空気塊
安定	逆転	高温	低温	上がった位置の周囲の空気が軽いので，空気塊は下げ戻される	下がった位置の周囲の空気が重いので，空気塊は上げ戻される
不安定	標準	低温	高温	上がった位置の周囲の空気が重いので，空気塊はさらに上へ上がる	下がった位置の周囲の空気が軽いので，空気塊はさらに下へ下がる

大気の安定状態
（逆転状態の気温分布の場合）

上がろうとすると上がった所の空気がぼくより軽いのでぼくは押し戻されてしまうね

下がろうとするとそっちの空気がぼくより重いので今度は上げ戻されるのだよ

空気のかたまり（空気塊）

大気の不安定状態
（標準的な気温分布の場合）

ぼくは少し上がってもその周りの空気がぼくより重いのでぼくはもっともっと上がっていくんだ

下がる時もどんどん下がっていくんだよ　だから空気が混じりやすいんだ

空気のかたまり（空気塊）

第9編　大規模大気特論

Q2 最大着地濃度や最大着地濃度になる距離はどのような式で計算されるのですか？また，それらの式を覚えなければなりませんか？

A. 最大着地濃度

　　最大着地濃度とは，排出された汚染物質が地上に到着するときの最大濃度のことで，大気拡散の**サットンの式**で計算されます。ここで出てくる式は必ずしも覚える必要はありません。ただ，定性的な傾向を理解していただくことは有益でしょう。例えば，風速が大きくなると最大着地濃度は低くなるなど（ある程度常識的ですが），そのような関係を把握しておかれることがよろしいでしょう。

　　最大着地濃度を C_m としますと，次のようになります。

$$C_m = \frac{2Q}{\pi e u H_e^2} \cdot \frac{C_z}{C_y}$$

ここに，　Q：煙源強度（汚染物質排出量）[m³/s]
　　　　　H_e：有効煙突高さ [m]（p 146)
　　　　　u：風速 [m/s]
　　　　　$e ≒ 2.72$（定数，自然対数の底）
　　　　　$\pi ≒ 3.14$（定数，円周率）

　　また，C_y，C_z は y 方向（煙流と直角の水平方向），z 方向（鉛直方向）のサットンの拡散パラメータ（拡散幅）としています。C_y，C_z はガスの拡散係数と思って下さい。

　　通常は，定数に値を入れて，時間修正係数 k（一般に時間によって風向が変化しますので，それを補正します。$k=0.15$ が採用されることが多いようです）を考慮して，次の式が使われます。

$$C_m = 0.234 \frac{kQ}{uH_e^2} \cdot \frac{C_z}{C_y}$$

Q2：最大着地濃度や最大着地濃度になる距離はどのように計算されるのですか？

最大着地濃度を与える距離

最大着地濃度となる煙突からの距離を x_m としますと，次のように計算されます。

$$x_m = \left(\frac{H_e}{C_z}\right)^{\frac{2}{2-n}}$$

ここで，n：大気の安定度によって定められる定数（K 値規制では $n=0.025$ が採用されています）。

この n は，一般に2に比べてかなり小さいので次のように近似できます。

$$x_m \fallingdotseq \frac{H_e}{C_z}$$

【問題】 最大着地濃度に関する記述として，正しいものはどれか。ただし，ガスの拡散幅を拡散係数とみなすものとする。
1. 最大着地濃度は，風速に反比例する。
2. 最大着地濃度は，汚染物質排出量に比例する。
3. 最大着地濃度は，有効煙突高さに反比例する。
4. 最大着地濃度は，上下方向の拡散係数に比例する。
5. 最大着地濃度は，水平方向の拡散係数に反比例する。

解説

大気拡散式のサットンの式によれば，最大着地濃度は次のように計算されます。

$$最大着地濃度 = 定数 \times \frac{(汚染物質排出量) \times (上下方向拡散係数)}{(風速) \times (有効煙突高さ)^2 \times (水平方向の拡散係数)}$$

従って，肢3がおかしいことになりますね。

正解 3

第9編 大規模大気特論

第9編　大規模大気特論

Q3 大気拡散のサットンの式に出てくる拡散幅は，どうやって求めるのですか？また，着地濃度は，距離によってどのように変わるのですか？

A. パスキルの安定度階級

　パスキルの**安定度階級**は大気の安定度を示す指標で，よく用いられます。サットンの拡散パラメータと言われる拡散幅は，パスキルの安定度階級をもとにして求められます。それは，表9-2に示しますように，大気安定度を地上風速，日射量，雲量（赤外線放射量）の組合せによって整理し，A~Fの6段階に区分し，それに対応するグラフ（図9-2，図9-3）から読み取ります。ここで，雲量とは空全体を10として，雲の量を0~10で表すものです。また，日射量および放射量の単位は kW/m² となっています。

表9-2　パスキルの安定度階級

地上風速 (m/s)	日中			日中/夜間	夜間	
	日射量 [kW/m²]			本曇り (雲量 8~10)	雲量 (上層 5~10) (中・下層 5~7)	雲量 (0~4)
	強	並	弱		放射量 [kW/m²]	
	>0.6	0.3~0.6	<0.3		0~0.06	>0.06
<2	A	A~B	B	D	—	—
2~3	A~B	B	C	D	E	F
3~4	B	B~C	C	D	D	E
4~6	C	C~D	D	D	D	D
>6	C	D	D	D	D	D

A：強不安定，B：並不安定，C：弱不安定，D：中立，E：弱安定，F：並安定

Q3：大気拡散のサットンの式に出てくる拡散幅は，どうやって求めるのですか？

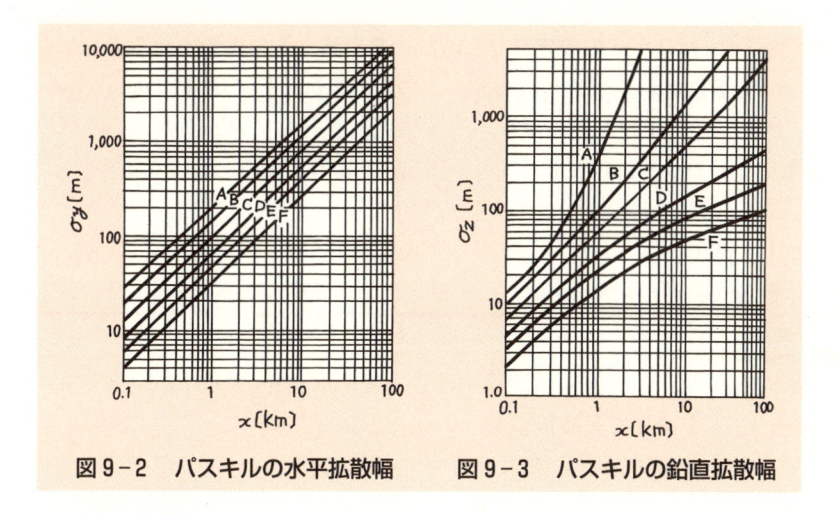

図9-2　パスキルの水平拡散幅

図9-3　パスキルの鉛直拡散幅

第9編　大規模大気特論

着地濃度の分布

また，着地濃度の分布は，次に示すような図によって示される状態となります。この図で横軸 x は，煙突からの煙の流下水平距離，縦軸は Cu/Q で，着地濃度 C，風速 u，排出量 Q によって計算される量となっています。

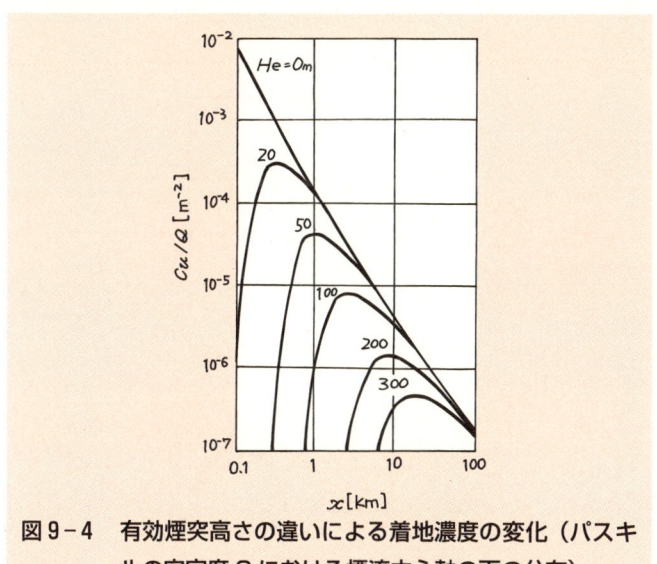

図9-4　有効煙突高さの違いによる着地濃度の変化（パスキルの安定度Cにおける煙流中心軸の下の分布）

第9編　大規模大気特論

【問題1】　パスキルの安定度は，太陽の日射量あるいは地上からの放射量によって区別されて求められるが，この量の単位として従来は $cal/(cm^2 \cdot h)$ が用いられていた。しかし，SI 単位系に移行して W/m^2 が用いられるようになったが，$cal/(cm^2 \cdot h)$ を W/m^2 で表すと次のどれになるか。
1．$1.16\ W/m^2$
2．$11.6\ W/m^2$
3．$116\ W/m^2$
4．$0.857\ W/m^2$
5．$8.57\ W/m^2$

解説

基本は，$1\ cal = 4.186\ J$ の関係ですが，それに $1\ h = 3,600\ s$，$1\ m = 100\ cm$，$1\ W = 1\ J/s$ を使って変換します。

$$1\ cal/(cm^2 \cdot h) = 4.186\ J/(10^{-4} m^2 \times 3,600\ s)$$
$$= 11.6\ W/m^2$$

正解　2

【問題2】　有効煙突高さが 200 m の煙突がある。風速が一定であり，かつこの煙突からの汚染物質排出量が一定である時，この煙突の下流のどのくらいの距離で最大着地濃度となるか。最も近いものを選べ。ただし，パスキルの安定度は C であって煙流中心軸の濃度分布は次の図にしたがうものとする。

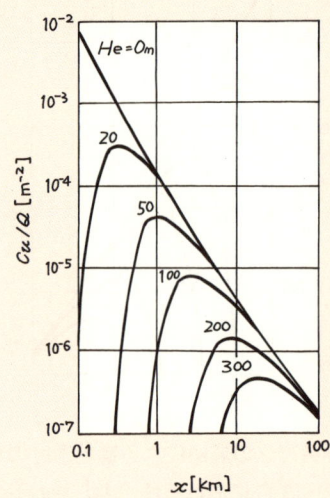

Q3：大気拡散のサットンの式に出てくる拡散幅は，どうやって求めるのですか？

1．0.5 km　　　　2．1 km　　　　3．10 km
4．50 km　　　　5．100 km

解説

　これは図の読み方を問う問題です。まず，図の中の $H_e=200$ m の曲線を探します。下から2番目の曲線ですね。この山形の曲線の頂点は 10 km より若干小さいところに頂上があるように見えますね。8 km か 9 km かも知れませんが，選択肢の最も近いものは 10 km の肢3と言えるでしょう。なお，このグラフは縦軸も横軸もともに対数軸グラフになっていますので，注意して下さい。目盛が一つ大きいほうに変わると値は10倍になります。目盛1と目盛10の中央は約5ではなくて約3となっています。

正解　3

第9編　大規模大気特論

第9編　大規模大気特論

Q4 大規模大気特論の立場から製油所について，その概略を教えて下さい。

A. 製油所とは？

　製油所とは，石油化学工業の根幹をなすもので，石油精製業の大規模工場あるいはコンビナートのことを言います。産地から移送された原油を，それぞれの成分に分離したり，それを反応させたりして使いやすい石油製品（各種石油化学工業の原料となります）にする仕事をしています。そのプロセスで排気ガスも発生しますので，対策が取られます。

製油所における用水使用と排水の状況

　原油（主成分は炭化水素ですが，他に微量ながら，硫黄，窒素成分，酸素成分，金属類を含みます）を石油製品にするためのフロー（流れ）は次ページの図のようになっています。

　原油を大気圧の沸点で分離する蒸留塔である常圧蒸留装置でガス，ナフサ，灯油，軽油，重質軽油，そして最後に常圧残油とします。常圧とは大気圧のことです。常圧残油はさらに真空下の蒸留装置（減圧蒸留装置）で，減圧軽油，潤滑油，減圧残油，アスファルトなどに分けられます。これらの分離された成分を留分と言います。これらの留分は，必要に応じて水素化処理，不純物除去（硫黄分除去など），または熱分解処理法などによって，多くの石油製品になります。

Q4：大規模大気特論の立場から製油所について，その概略を教えて下さい。

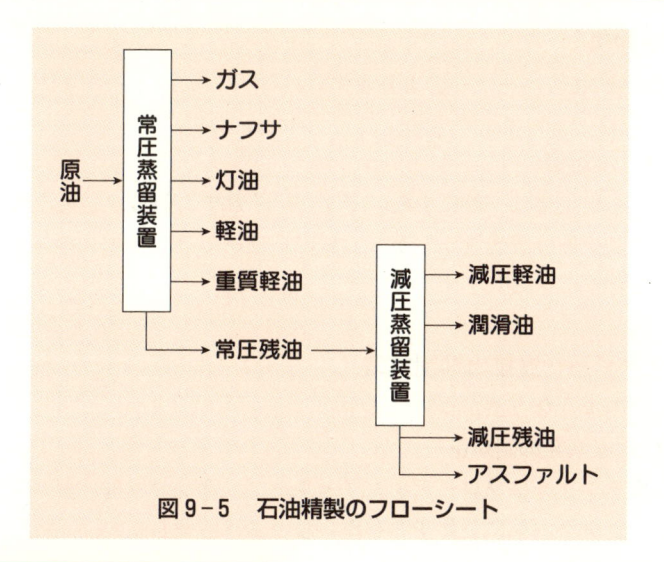

図9-5　石油精製のフローシート

製油所における大気汚染対策

製油所において，一般に処理する原油の約7％を燃料として消費します。主に副生ガスが中心で，不足する際にはC重油などを用います。

1) SOx対策
　a) 酸性ガス除去設備
　　　主に，硫化水素を中心とした物質の回収を目的として，エタノールアミン（EA）やジイソプロパノールアミン（DIPA）などのアルカリ性溶液を利用した化学吸収プロセスが用いられます。
　b) 硫黄回収設備（クラウス法）
　　　硫化水素から硫黄を回収します。最初に主反応炉で，硫化水素と二酸化硫黄が2：1になるように燃焼用空気を調節します。
　　　　$2H_2S + 3O_2 \rightarrow 2H_2O + 2SO_2$
　　　次に，高温,無触媒状態で次のようなクラウス反応により硫黄になります。
　　　　$2H_2S + SO_2 \rightarrow 3S + 2H_2O$
　c) テールガス処理設備
　　　上記a) およびb) のみでは規制に対応できない場合，硫黄回収設備のテールガス（最下流排ガス）からさらに硫黄分を除去する技術（スコット法など）が用いられます。全ての硫黄分を触媒層中において硫化水素に還元し，これをジイソプロパノールアミン（DIPA）溶液で吸収します。

2）NOx 対策

通常，低 NOx バーナーによります。

3）ばいじん対策

ばいじん発生量は一般に少ないですが，それでも対策が必要な場合，一般的には流動接触分解装置などが，大型ボイラーでは，サイクロン，電気集じん装置などが用いられます。

4）炭化水素系物質排出抑制対策

主に次のような方法が取られます。

a）炭化水素蒸発抑制対策

貯蔵タンクにはフローティング・ルーフ（浮かせ屋根）型タンクが用いられ，タンク内部に気体空間を作らないよう貯蔵します。

b）気体回収設備

タンク車やタンクローリー，船舶などに移送する際に排出される炭化水素気体は，灯油などと気液接触させるようにして吸収します。

c）膜式回収設備

炭化水素を選択的に通し空気を通しにくい膜を用いて，空気と炭化水素ガスを分離し，炭化水素ガスはガソリンなどに吸収し回収します。

d）炭化水素凝縮設備

炭化水素ガスを加圧あるいは冷却して液化して回収します。

【問題1】 常圧蒸留装置によって分けられるものとして，不適切なものはどれか。

1. ナフサ　　　2. 灯油　　　3. 軽油
4. アスファルト　　5. 常圧残油

解説

肢4のアスファルトは，常圧蒸留装置ではなくて，常圧残油をさらに真空条件で蒸留した場合に，出てくるものです。したがって，正解は肢4のアスファルトです。

正解　4

Q4：大規模大気特論の立場から製油所について，その概略を教えて下さい。

【問題2】 精油所における硫黄酸化物対策として，硫化水素を吸収する有機化合物のアルカリ性溶液が用いられるが，次のうち一般に多く用いられているものはどれか。
1．メタノールアミン（MA）　　2．エタノールアミン（EA）
3．ブタノールアミン（BA）　　4．オクタノールアミン（OA）
5．フェノールアミン（FA）

解説
　一般にアルコール系アミンが用いられますが，選択肢の中では肢2のエタノールアミン（EA）が多く用いられています。その他に，ジイソプロパノールアミン（DIPA）なども用いられます。

正解　2

Q5 大規模大気特論の立場から発電所について、その概略を教えて下さい。

A. 発電所（発電施設）

大気汚染にかかる施設としては主として火力発電所が中心です。国内の発電施設の分類と、そこで必要な対策項目を次表にまとめます。ガス焚きの場合には、ガスに硫黄分も固形分も含まれませんので、硫黄酸化物やばいじんの発生がありません。

表9-3　火力発電所の種類と所要排煙対策

火力発電所の種類	対策の必要な項目		
	脱硫	脱硝	除じん
ガス焚き発電施設	不要	必要	不要
石炭火力発電施設	必要	必要	必要
重油・重質油火力発電施設	必要	必要	必要

わが国の排出ガス規制の厳しさ

我が国は、国土が狭いため民家が発電所に近接していることも多く、排出ガスに関する規制も厳しくなっています。その結果、排出ガスの水準も1桁程度先進国に比較して小さくなっています。表をご覧下さい。

表9-4　発電量（kWh）当たりの排出量

国別	硫黄酸化物 （g-SOx/kWh）	窒素酸化物 （g-NOx/kWh）
日本	0.23	0.26
米国	4.6	2.2
先進6ヶ国平均 （米，英，独，仏，伊，加）	4.0	2.0

石炭火力発電施設での対策

1）燃料

昨今は、原料炭はほぼ海外炭（中国、豪州など）に依存しています。石炭をミル（粉砕機）で微粉にし、バーナー燃焼する微粉炭燃焼方式が一般的で

> Q5：大規模大気特論の立場から発電所について，その概略を教えて下さい。

す。産地や炭質により性状が異なり排出ガスについて細心の注意を必要とします。石炭は，特にばいじんが多く，排気ガス対策にコストがかかります。

2）排煙処理システム

大規模発電施設では排気風量も大で，集じん装置として圧力損失や動力費の小さい電気集じん装置が多用されています。また，脱硝設備はアンモニア注入による選択接触還元法（SCR法）が一般的で，脱硫設備は安価な吸収剤として炭酸カルシウム（石灰石）系を使用する湿式石灰石こう法が用いられます。この脱硫設備でばいじんも捕捉されます。日本特有の方式ですが，処理後の排ガスの白煙（水蒸気）対策として排出ガスの熱で加熱して白煙を見えないようにしています。GGH（ガスガスヒーター）と呼ばれます。

重油・重質油火力発電施設での対策

1）燃料

近年では硫黄分の少ないA重油が公害対策上多用されていますが，硫黄分の多いC重油が限定的に用いられることもあります。

2）排煙処理システム

硫黄分により低温酸性腐食が起こりやすく，酸露点以下ではそのまま腐食しますし，酸露点以上でも排ガス中の未燃炭素（未燃カーボン）が硫酸を媒体に凝集して，酸性固形分のアシッドスマットを形成し被害が出ることがあります。煙突から硫酸ミスト微粒子の紫煙が発生することもあります。水蒸気だけの白煙が比較的すぐに透明になるのに対し，これは延々とたなびきます。

a) 乾式脱硫処理

SO_3対策としてアンモニアガスを煙道内に導入し，硫酸アンモニウム［$(NH_4)_2SO_4$］（硫安）として固形化し電気集じん装置で回収することが一般的です。アンモニアの注入はやや過剰に入れる運転が重要で，少なすぎると酸性硫酸アンモニウムが灰付着トラブルを起こします。

b) 湿式脱硫処理

ガスのすり抜け（ショートパス）がありますので，この後に湿式電気集じん装置を接続して効率が落ちないようにしています。

第9編　大規模大気特論

Q6 大規模大気特論の立場からセメント工業について、その概略を教えて下さい。

A. セメント工業

文字通り、建築資材を供給する基本となるセメントを作る工業です。建設業や建築業などの基礎原料となります。

セメント製造プロセス

現在の日本国内のセメント工場は、基本的に乾式サスペンションプレヒーター付ロータリーキルン（回転窯）方式でポルトランドセメントを製造しています。この方式は技術としては、現在の世界で最も熱効率・生産性に優れたものです。他の歴史的な製造方式としては、竪窯方式、湿式ロータリーキルン方式などがあって、世界的に見ればこれらのあまり効率的でない製造方式もなお使われてはいますが、日本国内では乾式サスペンションプレヒーター付ロータリーキルン方式の製造方式に絞られています。

ポルトランドセメントの製造工程は図のように、原料工程、焼成工程、仕上工程の三つに大きく区分されます。

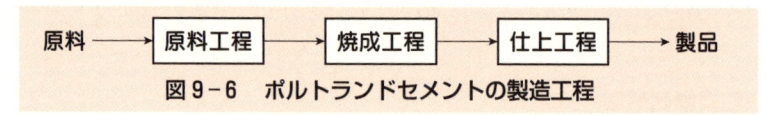

原料 → 原料工程 → 焼成工程 → 仕上工程 → 製品

図9-6　ポルトランドセメントの製造工程

a) 原料工程

石灰石、粘土、蛍石、鉄原料などの原料を混合して、乾燥し粉砕混合します。乾式サスペンションプレヒーターで乾燥し、乾燥熱源には次工程の焼成排ガスが有効利用されます。近年では、原料にもほとんど廃棄物や副生物が用いられます。

b) 焼成工程

原料工程からの粉末原料を回転窯（ロータリーキルン）で最高1,450℃程度まで加熱し、化学変化によってセメントとして必要な水硬性を持つ化合物

Q6：大規模大気特論の立場からセメント工業について，その概略を教えて下さい。

にします。さらにこれを一気に冷却してクリンカーと呼ばれる中間製品にします。ここにおける熱源も近年は廃油，廃プラスチック，廃タイヤ，木くずなどが用いられています。

c) 仕上工程

クリンカーにセメント硬化速度を調整する石こうを添加し，製品のセメントとします。

大気汚染防止対策

a) 粉じん対策

通常，バグフィルターを用いています。また，ロータリーキルンなどで粉じんの発生が少なくなるような対策も進んでいます。

b) ばいじん対策

電気集じん装置（EP）を用いることが主流となっています。セメントダストの電気抵抗値は高いため，通常では水分添加による調湿によって集じん効率を99.9％にまで高めています。主に，光透過式のばいじん濃度計が設置され連続監視が行われています。

c) NOx対策

燃焼管理（低空気比燃焼，二段燃焼，低NOxバーナー）と排煙脱硝（主に，アンモニアや尿素を還元剤とする乾式無触媒還元法）の二つが主流です。

d) ダイオキシン類対策

原料を1,450℃まで加熱することでダイオキシン類が分解します。

第9編　大規模大気特論

Q7 大規模大気特論の立場からごみ焼却施設について，その概略を教えて下さい。

A. ごみ焼却施設について

我が国は国土が狭くて最終処分場の確保が困難ですので，廃棄物も減容化，無害化，安定化をしてから埋立処分することが原則となっています。従って，ごみ焼却施設の機能は，ごみを燃やして容積を減らすことです。「ごみ処理施設性能指針」(1998年)で処理能力，焼却残さ（燃え残ったかす）の性状，連続運転日数などの安定稼動状況，余熱の有効利用などについて性能と確認方法が定められています。

ごみ焼却施設の種類

ごみの焼却炉は，次のように多くの種類があります。これまではストーカー炉が主体でしたが，近年ではガス化溶融炉が増えています。

a) ストーカー炉

　金属の棒を格子状に組み合わせたストーカー（火格子）と呼ばれるごみを燃やす格子の上にごみを置いて，下から空気を送りこんでごみを燃やします。ストーカーの上でごみを転がし，焼却炉上部からの輻射熱で乾燥，加熱し，攪拌，移動しながら燃やします。

b) ガス化溶融炉

　ガス化炉と溶融炉を組み合わせたもので，ごみを前段のガス化炉により低酸素状態で加熱することで，可燃性のガスと炭に分解し，発生したガスと炭を後段の溶融炉に投入して，1,300℃以上の高温で燃焼，炭を溶融することで溶融スラグを生成します。ごみから資源を生み出す「夢のごみ処理施設」とも言われています。

c) ロータリーキルン

　主にQ6 (p264) のセメント製造などの窯業に使用されるやや傾斜を持った回転式の窯ですが，ごみ焼却にも用いられています。1,000℃以上の高温で物質を反応（焼成）させる際に使用されます。

d) 流動床炉

Q7：大規模大気特論の立場からごみ焼却施設について，その概略を教えて下さい。

　加圧した空気を下から上へ向けて吹き上げるなどして，流動化させた高温の砂の中でごみを燃やす仕組みの焼却炉を言います。

ごみ焼却施設からの有害物質とその対策

　主に表 9-5 のような有害物質が発生しますので，それぞれの対策をとることが必要です。また，一般的に採用されている排ガス処理方式は表 9-6 のようなものとなっています。

表 9-5　都市ごみ焼却における発生有害物質

有害物質	排気ガス中の発生濃度	主な発生原因
SOx	50～150 ppm	紙類，蛋白系厨芥物，加硫ゴム
NOx	80～200 ppm	サーマル NOx，窒素を含む汚泥
ばいじん	3～4 g/m^3_N	焼却後の無機質，未燃炭素
塩化水素	500～1,000 ppm	塩化ビニル等の塩素系樹脂
水銀	0.1～0.5 mg/m^3_N	廃乾電池，体温計，蛍光灯
ダイオキシン類	1～10 ng-TEQ/m^3_N	塩素を含む有機物，無機塩素と塩素を含まない有機物の混合物

（注）サーマル NOx：燃焼用空気中の窒素が主因である NOx

表 9-6　焼却炉における主な排ガス処理方式とその特徴

対象物質	処理技術	特徴等
ばいじん	電気集じん装置	維持管理が容易で，広く普及している。
	バグフィルター	集じん率が高く，ダイオキシン類の捕集に効果大。
塩化水素 SOx	アルカリ湿式吸収法	除去率が高い。
	消石灰噴射乾式吸収法	電気集じん・バグフィルターと組合せが可能
	消石灰-バグフィルター法	乾式ながら湿式吸収に匹敵する性能　ダイオキシン類除去も可能です。
NOx	無触媒脱硝法	炉内へアンモニアまたは尿素を噴霧します。簡易脱硝が可能。
	触媒脱硝法	触媒によって高い脱硝率。
ダイオキシン類	低温バグフィルター法	排ガスの低温化（～150℃）によって高い除去率が実現。
	活性炭吸着	活性炭粉末の煙道吹き込み，または，充てん塔での吸着処理

第 9 編　大規模大気特論

第9編　大規模大気特論

Q8 大規模大気特論の立場から鉄鋼業について，その概略を教えて下さい。

A. 鉄鋼業とは？

　鉄鋼業は，文字通り鉄鋼を作る業界のことですね。人類は鉄器時代から，鉄鉱石（酸化鉄）を還元して金属鉄を作ってきました。規模も大きく，資源やエネルギーを大量に使用し，環境への負荷も大きいため，環境保全への大きな努力も必要です。水質関係でも重要でしたが，大気関係でもそれなりにウェートが大きくなっています。

SOx対策

　SOxは，主に焼結炉，加熱炉，ボイラーから出ますが，中でも焼結炉が70％を占めます。

a) **コークス炉排ガス**
　コークス炉排ガスは，再利用する燃料として，加熱炉およびボイラーで燃焼され，その排ガスが主にアルカリ吸収液によって湿式脱硫されます。

b) **焼結炉排ガスの脱硫**
　従来は湿式脱硫法が主流でしたが，近年では活性炭や活性コークスによる乾式脱硫法も増えてきています。

c) **原燃料の低硫黄化**
　原料である鉄鉱石の低硫黄化に加えて，燃料も低硫黄重油やLPG，LNGなどへの転換が進んでいます。

d) **省エネルギーによる燃焼使用量の低減**
　燃焼改善や排熱の利用などが進められています。

e) **副生燃料（高炉ガス，転炉ガス）の有効利用**
　これも従来から燃料として有効に利用されてきました。

NOx対策

　燃焼を伴う反応が多く，NOxはプロセスのさまざまなところから発生します。それらに合わせた種々の対策が，次表のように取られています。

Q8：大規模大気特論の立場から鉄鋼業について，その概略を教えて下さい。

表9-7　製鉄所におけるNOx防止技術

大分類	中分類	小分類	具体的技術
NOx発生の抑制技術	燃料による改善	燃料転換	重油から軽質油，ガス燃料等への転換
		燃料脱窒	コークスの脱窒素，コークス炉ガスの脱窒素
	燃焼改善	運転条件変更	予熱空気温度の低下，低空気比燃焼，燃焼室熱負荷等の変更
		燃焼装置の改造	排ガス循環，非化学量論的燃焼（濃淡燃焼），水蒸気・水の添加，多段燃焼低，NOxバーナー
排煙脱硝技術	乾式（接触還元法等）		
	湿式（酸化吸収法等）		

ばいじん・粉じん対策

鉄鉱石やコークスなど，多量の粉粒体を扱いますので，ばいじん・粉じんの発生が多いプロセスとなっています。

主な対策技術として，次のようなものがあります。

a) 原料等への散水
b) 表面への固化剤の塗布
c) コンベヤーカバー
d) プロセス毎集じん装置
e) 建屋集じん装置

第9編　大規模大気特論

Q9 練習のために，大規模大気関係の基礎練習問題を出して下さい。

では，肩慣らしに基礎の問題を少し解いてみましょう！

【問題1】　パスキルの大気安定度階級は，地上風速と日射量等によって区分されて表される。日射量の単位は従来は $cal/(cm^2 \cdot h)$ であったが，これを SI 単位の mW/cm^2 で表すとどうなるか。ただし，$1\,cal = 4.186\,J$ とする。

1. $116\,mW/cm^2$
2. $11.6\,mW/cm^2$
3. $1.16\,mW/cm^2$
4. $0.116\,mW/cm^2$
5. $0.0116\,mW/cm^2$

解説

与えられた $1\,cal = 4.186\,J$ に加え，$1\,h = 3,600\,s$，$1\,W = 1\,J/s$ を用いると，

$$1\,cal/(cm^2 \cdot h) \times 4.186\,J/cal \times \frac{1}{3,600} \times 1\,Ws/J \times 1,000\,mW/W$$

$$= 1.16\,mW/cm^2$$

正解　3

【問題2】　点源から連続的に放出される煙の拡散幅に関する次の文章において，誤っているものはどれか。
1. 地表面粗度の大きい場所では大きい。
2. 大気の安定度が大きくなると大きくなる。
3. 煙濃度の測定時間とともに増大する。
4. 拡散時間とともに増大する。
5. 風の乱れが大きくなると増大する。

Q9：練習のために，大規模大気関係の基礎練習問題を出して下さい。

解説
肢2の記述は誤りです。大気の安定度が小さく（不安定に）なるほど煙の拡散幅は大きくなります。その他の記述は正しい記述です。

正解　2

【問題3】　次の項目のうち，光化学大気汚染をシミュレーションする際にモデルに組み込む必要のないものはどれか。
1．風向風速，大気安定度
2．オゾン濃度
3．窒素酸化物排出量
4．紫外線量
5．メタン排出量

解説
シミュレーション・モデルには光化学大気汚染に影響する項目を含めなければなりません。これらの項目に重要な非メタン炭化水素が抜けています。メタン排出量ではなくて，非メタン炭化水素排出量が組み込まれなければなりません。

正解　5

【問題4】　地形性逆転の成因に関する記述として，正しいものはどれか。
1．高気圧圏内では空気の下降により，気温が断熱上昇するために発生する。
2．晴れた夜から朝にかけて地表面の放射冷却により発生する。
3．冷たい地面上に暖かい空気が流れ込み，下層から気温が下降して発生する。
4．前線の存在により，下層に寒気が，上層に暖気がくるために発生する。
5．山越えのフェーン気流が谷間の空気塊の上空を吹くために発生する。

解説
肢1：これは，沈降性逆転と呼ばれるものです。ロサンゼルス・スモッグの背景要因にはこれがありました。
肢2：放射性逆転の説明になっています。晴夜放射逆転とも言います。
肢3：移流性逆転と呼ばれるものです。しばしば霧を伴います。
肢4：前線性逆転の説明です。前線が停滞する場合に大気汚染がなかなか薄まらないという問題になります。

第9編　大規模大気特論

肢5：これが問われている地形性逆転の説明になっています。

正解　5

【問題5】　ごみ焼却炉で採用されている排ガス対策に関する記述として，誤っているものはどれか。
1．塩化水素対策として，アルカリ湿式吸収装置を用いる。
2．ばいじん対策として，バグフィルター，あるいは，電気集じん装置を設置する。
3．ダイオキシン類対策として，粉末活性炭を煙道内に吹き込む。
4．湿式吸収装置では，排ガスを炭酸水で洗浄する。
5．触媒脱硝反応塔は，NOx対策として用いられる。

解説
　肢4の炭酸水では，一部のアルカリ成分が取れるかもしれませんが，ごみ焼却炉からはむしろ酸性成分の方が多いので効果がありません。
　その他の記述は正しいものとなっています。

正解　4

【問題6】　クラウス法に関する記述中，下線を付した箇所のうち，誤っているものはどれか。
　クラウス法は，硫化水素から(1)硫黄を回収するプロセスであって，主反応炉において，硫化水素と二酸化硫黄が(2) 4：1 となるように(3)燃焼用空気を調節すると，(4)高温の(5)無触媒状態で，クラウス反応が生起する。

解説
　クラウス法は，硫化水素から硫黄を回収するプロセスです。やや詳しいことを問う問題ですが，反応条件として，硫化水素と二酸化硫黄が2：1となるように燃焼用空気を調節します。従って，肢2が誤りです。

正解　2

Q9：練習のために，大規模大気関係の基礎練習問題を出して下さい。

【問題7】 次に示す輸入原油のうち，硫黄含有率が最も低いものはどれか。
1．イラニアン・ライト（イラン）
2．クウェート（クウェート）
3．スマトラ・ライト（インドネシア）
4．マーバン（U.A.E.）
5．アラビアン・ライト（サウジアラビア）

第9編 大規模大気特論

解説

この問題にすぐ答えられる方は，石油関係に詳しい方ですね。しかし，そうでない方も，一つだけ仲間はずれのものとして，肢3のインドネシアを選ぶことはできるかと思います。他のものは全て中東地域に属しますね。何億年も前の遺産である石油は，近い地域に似たものが埋まっていると考えることが自然でしょう。

正解　3

【問題8】 大規模発生源と大気汚染物質との組合せとして，誤っているものはどれか。

	発生源	大気汚染物質
1	微粉炭燃焼ボイラー	窒素酸化物
2	セメントキルン	硫黄酸化物
3	コークス炉	一酸化炭素
4	鉄鋼焼結炉	ばいじん
5	製油所の貯蔵タンク	揮発性有機物

解説

肢2のセメントキルンは，ロータリーキルンなどのセメント製造用回転炉のことです。ここでは特に硫黄化合物は用いられませんので，一般に硫黄酸化物の発生もありません。

その他の選択肢の発生源と大気汚染物質との関係は正しいものとなっています。

正解　2

ナットウキナーゼ

喫茶室

　ナットウキナーゼとは面白い名前ですね。「納豆菌」という日本語に酵素の意味の−ase が付けられてできたものです。これは，納豆菌が大豆を発酵する過程でつくられる酵素の一種で，納豆のネバネバに含まれています。1980年代に，血栓の原因となる蛋白質を溶解する酵素が納豆菌から発見されて，ナットウキナーゼと名付けられたそうです。血栓とは，血管内の血液が何らかの原因で塊を形成することであり，この血栓が，心筋梗塞や脳梗塞などの重大な病気を引き起こすおそれがあります。こわいですね。

　ナットウキナーゼの効果を挙げてみますと，次の３つと言えるようです。健康のためには無視できないですね。

① 血栓を溶かす
② 血液をさらさらにする
③ 血圧を下げる

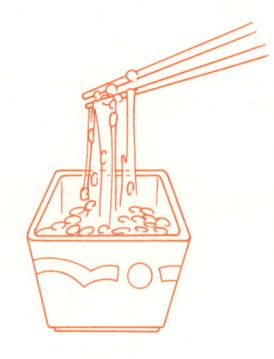

索　引

数字

1, 2, 3-トリクロロベンゼン	44
1, 2, 4-トリクロロベンゼン	44
1, 3, 5-トリクロロベンゼン	44
1 時間値	140
1 日平均値	140
1 年平均値	140
2, 2'-アミノービス (3-エチルベンゾチアゾリン-6-スルホン酸) 吸光光度法	238
22.4 L_N/mol	47
22.4 m^3_N/kmol	47
3, 3'-ジメチルベンジジン	239
3 R	98
4-ピリジンカルボン酸－ピラゾロン吸光光度法	239
50% 粒子径	200
5 W 1 H	29
8.314 J/(mol·K)	48
8 時間平均値	140

記号

$(NH_4)_2SO_4$	263
%(v/v)	46
%(w/v)	46
%(w/w)	46

アルファベット

A

ABTS 法	238
act	104
Al_2O_3	154
aq	235
atm	48
A 重油	179, 263

B

BET の吸着等温式	229
Biochemical Oxygen Demand	102
bioremediation	99
BOD	102
Br_2	163
B 重油	179

C

C_2H_5SH	163
C_6H_5N	163
C_6H_6	140
$Ca(OH)_2$	184
$CaCO_3$	184
CaF_2	232
CaO	186
$CaSO_4 \cdot 2H_2O$	185
CCl_4	233
$Cd(CN)_2$	230
$CdCl_2$	230
$CdCO_3$	230
CdO	230
CdS	230
$CdSO_4$	230
CFC	102
CFC 11	148
$CFCl_3$	148
$CH_2=CHCHO$	163
CH_2Cl_2	140
CH_3OH	163
$CHCl_3$	233
check	104
Chemical Oxygen Demand	102
chlorinated fluorocarbon	102
Cl_2	163
$Cl_2C=CCl_2$	140
$Cl_2C=CHCl$	140
CO	140, 163
co-PCB	141
$COCl_2$	163
COD	102
COP 3	102
CS_2	163
cSt	179
C 重油	179, 263

D

DIPA	259
Dissolved Oxygen	102
DO	102
do	104
D 曲線	202

E

EA	259
ECD	138
Eco-Manegement and Audit Scheme	102
EDTA	55
EMAS	102

F

F_2	231
Fe_2O_3	154
Fe_3O_4	154
FeO	154
Feret 径	200
FID	138
food mileage	100
formol	47
formol/L	47
FPD	138
FTD	138

G

GC	137
GEF	103
GGH	263
Global Environment Facility	103

H

H（水素）	42
H_2O_2	231
H_2S	163
H_2SiF_6	231
H_2SO_3	93
H_2SO_4	93, 163
Hb	159
HBFC	103
HCFC	103
HCHO	163
HCl	42, 163
HCN	163
He（ヘリウム）	42
H_e（有効煙突高さ）	146
Heywood 径	200
HF	163, 231
H_m（運動量煙突高さ）	146
HNO_2	93
HNO_3	93
How	29
HSO_3Cl	163
H_t（温度差煙突高さ）	146
Hydrogenated bromofluorocarbons	

275

索　引

	103	N_2O_3	188	ppq	47
Hydrogenated chlorofluorocarbons		N_2O_4	188	ppt	47
	103	N_2O_5	188	PRTR	104
$h\nu$	154	N_2O_6	188		
		NaCl	42		
## I		$NaClO_2$ 水溶液	189	## R	
		$NaHF_2$	232		
ICP	57	NaOH	184	RDF	104
ICP 質量分析法	57	NEDA 法	193	Recycle	98
ICP 発光分析法	57	NH_3	42, 163	Reduce	98
IC イオン注入	163	$Ni(CO)_4$	163	Refuse Derived Fuel	104
Intergovernmental Panel on Climate Change	103	NO	188	Re-use	98
		NO_2	140, 163, 188	R 曲線	202
International Organization for Standardization	103	NO_3	188		
		NOx	93	## S	
IPCC	103	NOx 対策	260	SCR 法	263
ISO	103	NOx 排出低減技術	188	SeO_2	163
				SiF_4	163, 231
## J		## O		SiO_2	231
				SNS	36
Japan International Cooperation Agency	103	o-トリジン法	238	SO_2	140, 163
		O_3	231	SOx	93
JICA	103	ODA	104	SOx 対策	259
JIS	50	OF_2	231	SPM	105, 140
JIS 使い方シリーズ　詳解工場排水試験方法	50	Official Development Assistance	104	SS	105
				Suspended Particulate Matter	105
				Suspended Solid	105
## K		## P		S インペラー型	209
$KMnO_4$ 水溶液	189	P_4	163		
K 値規制	146	PAN	159, 161	## T	
		$PbCl_2$	230	TCD	137
## L		PbO	230	TEQ	143
		PCB	104		
LCA	100, 103	PCDD	141	## U	
Life Cycle Assessment	103	PCDDs	45		
L_N	47	PCDF	141	UNDP	105
ln	120	PCDFs	45	UNEP	105
log	120	PCl_3	163	United Nations Development Programme	105
LPG	178	PCl_5	163		
		PCP 法	238	United Nations Environment Programme	105
## M		PDCA サイクル	104		
		PDS 法	193		
m^3_N	47	pg-TEQ	142	## V	
m^3_N/m^3_N	170	pH	92		
Martin 径	200	PH_3	163	v/v%	46
Material Safety Data Sheet	104	phytoremediation	99		
$Mg(OH)_2$	185	plan	104	## W	
mol	46	PM 2.5	141		
$mol \cdot dm^{-3}$	46	pOH	92	w/v%	46
mol/dm^3	46	Pollutant Release and Transfer Registers	104	w/w%	46
mol/kg	46			w/wppm	47
mol/L	46	polluter pays principle	104	What	29
MSDS	104	Polychlorinated Biphenyl	104	When	29
		ppb	47	Where	29
## N		ppm	47, 142	Who	29
		ppm (v/v)	47	Why	29
N_2O	188	PPP	104		

索 引

Z
Zn-NEDA 法　　　　　　　　193

ギリシャ語
β 線　　　　　　　　　　　138
μg/m³　　　　　　　　　　142

あ
亜鉛還元ナフチルエチレンジアミン
　吸光光度計法　　　　　　193
亜鉛精錬　　　　　　　　　162
亜塩素酸ナトリウム水溶液　　189
阿賀野川　　　　　　　　　　75
アカマツ　　　　　　　　　160
アクロレイン　　　　　163，234
悪臭　　　　　　　　　　　　74
悪臭原因物質　　　　　　　　89
悪臭防止法　　　　　　　　　89
悪性中皮腫　　　　　　　　159
アサガオ　　　　　　　　　160
足尾鉱毒事件　　　　　75，157
足尾銅山鉱毒事件　　　　　　75
アシッドスマット　　　　　263
亜硝酸　　　　　　　　93，235
預かり金　　　　　　　　　　99
アスファルト　　　　　　　258
アスベスト　　　　　　90，159
アスベスト健康被害　　　　　75
亜セレン酸　　　　　　　　235
亜炭　　　　　　　　　　　180
圧力損失　　　　　　　　　208
アボガドロ数　　　　　　　122
亜硫酸　　　　　　　　93，235
アルカリ金属　　　　　　　138
アルカリ，アルカリ性　　　　92
アルカリ性食品　　　　　　　93
アルカリ熱イオン検出器　　　138
アルデヒド　　　　　　　　141
アルファルファ　　　　　　160
アルミナ　　　　　　　154，232
アルミナ吸収法　　　　　　232
アルミニウム　　　　　　　154
アルミニウム工業　　　　　163
アルミニウム精錬　　　　　162
アンモニア　42，89，150，163，234
アンモニア水溶液吸収法　　185

い
イーマス　　　　　　　　　102
硫黄回収設備　　　　　　　259
硫黄酸化物　　　　　　86，160
硫黄酸化物の許容排出量　　146
硫黄分　　　　　　　　　　179
硫黄分除去　　　　　　　　258
硫黄分分析法　　　　　　　190
イオンクロマトグラフ法　　　192
閾値　　　　　　　　　　　158
異性体　　　　　　　　　　　42
イソ　　　　　　　　　　　　42
位相差顕微鏡　　　　　　　217
イタイイタイ病　　　　　　　75
一次汚染物質　　　　　　　141
一次付着層　　　　　　　　211
一酸化炭素　　　87，140，163，234
一兆分率濃度　　　　　　　　47
一般排出基準　　　　　　　　88
一般粉じん関係公害防止管理者
　　　　　　　　　　　90，116
一般粉じん発生施設　　　　　90
移動相　　　　　　　　　　136
移動単位数　　　　　　　　225
移動発生源　　　　　　　　　86
医薬品　　　　　　　　　　163
医薬品の中間体　　　　　　163
医薬品製造　　　　　　　　163
引火点　　　　　　　　　　179
インゲンマメ　　　　　　　160
インターネット　　　29，36，58
咽頭　　　　　　　　　　　158
インパルス・スクラバー　　　209

う
ウィーン条約　　　　　　　　94
浮かせ屋根型タンク　　　　260
ウシ　　　　　　　　　　　161
ウメノキゴケ　　　　　　　160
上乗せ排出基準　　　　　　　88
雲量　　　　　　　　　　　254

え
エアカーテン方式　　　　　215
液化石油ガス　　　　　　　178
液相酸化吸収法　　　　　　189
液体塩素　　　　　　　　　237
液体燃料　　　　　　　　　179
液分散型吸収装置　　　　　226
エシュカ合剤　　　　　　　191
エシュカ法　　　　　　　　191
エタノールアミン　　　　　259
枝分かれ　　　　　　　　　　42
エタン　　　　　　　　　　178
エチルメルカプタン　　　　234
エチレン　　　　　　　　　161
エチレンジアミン四酢酸　　　55
エミッション　　　　　　　　98
塩化亜鉛活性化法　　　　　162
塩化カドミウム　　　　　　230
塩化水素　　　　42，162，233，234
塩化水素含有排ガス対策　　233
塩化ナトリウム　　　　　　　42
塩化鉛　　　　　　　　　　230
塩化ビニル　　　　　　　　267
塩基性硫酸アルミニウム溶液吸収法
　　　　　　　　　　　　　185
煙源強度　　　　　　　　　252
炎光強度　　　　　　　　　138
炎光光度検出器　　　　　　138
塩酸　　　　　　　　　42，235
遠心力集じん　　　　　　　204
遠心力集じん装置　　　　　205
塩素　　　　　161，162，230，234
円相当径　　　　　　　　　200
塩素ガス製造　　　　　　　162
塩素化炭化水素　　　　　　148
塩素化炭化水素の製造　　　162
塩素化有機化合物の製造工程　233
塩素系樹脂　　　　　　　　267
煙道　　　　　　　　　　　216
塩ビ被覆鋼板　　　　　　　215

お
欧州監視評価計画議定書　　151
欧州工業界における企業が任意に参
　加できる環境マネジメント及び監
　査計画に関する EC 委員会規則
　　　　　　　　　　　　　103
黄りん　　　　　　　　163，234
押込通風　　　　　　　　　182
汚水等排出施設　　　　　　　90
オスロ議定書　　　　　　　151
汚染者負担原則　　　　　　104
汚染物質排出量　　　　　　252
オゾン　　　　　141，161，231
オゾン層　　　　　　　　　148
オゾン層の破壊　　　　　　148
オゾンホール　　　　　　　149
オゾン層保護のためのウィーン条約
　　　　　　　　　　　　　　94
オルト　　　　　　　　　　　43

か
カーボンニュートラル　　　　96
外因性内分泌攪乱化学物質　　97
カイコ　　　　　　　　　　161
回折格子　　　　　　　　　　56
回転窯　　　　　　　　　　264
回転式洗浄集じん装置　　　209
海綿状組織　　　　　　　　161
化学記号　　　　　　　　　　42
化学吸着　　　　　　　　　228
化学式　　　　　　　　　　　42
化学的酸素要求量　　　　　102
化学発光法　　　　　　191，193
化学反応式　　　　　　　　130

277

索　引

化学反応式の係数	126
化学分析法	192
化学薬品製造	163
拡散荷電域	207
拡散係数	64, 252
拡散幅	252
拡散付着	211
学習期間	31
学習書	34
各種ディーゼル	179
各種燃焼設備	162
かけがえのない地球	105
囲い型フード	214
過去川	22
過酸化脂質	159
過酸化水素	231
可視・紫外分光光度計	56
過剰空気量	174
ガス拡散	226
ガスガスヒーター	263
ガス化溶融炉	266
ガス吸収	224
ガス吸収装置	226
ガスクロ	137
ガスクロマトグラフ	137
ガスクロマトグラフ分析法	190
ガス交換	158
ガス製造	163
ガス旋回型	209
ガス焚き発電施設	262
ガス透過性隔膜	193
ガス分散型吸収装置	227
ガソリンエンジン	179
活性コークス	268
活性炭	137, 268
活性炭吸着法	186
活性炭製造	162
褐炭	180
荷電時間	206
荷電電圧	207
家電リサイクル法	83
カドミウムとその化合物	230
カドミウムメッキ	162
カトレア	160
加熱用	179
過マンガン酸カリウム水溶液	189
神岡鉱山	75
紙類	267
科目合格制	114
火力発電所	262
瓦　製造	233
ガラス	233
ガラス管	137
ガラス製造	162
ガラス製品製造	162
加硫ゴム	267
過リン酸石灰	163
ガルバリウム鋼板	215
乾き燃焼ガス量	174
環境・循環型社会白書	35
環境アセスメント	96
環境影響評価制度	96
環境汚染物質排出・移動登録	104
環境家計簿	96
環境基準	158
環境基本法	74, 76
環境国際行動計画	105
環境省	76
環境省告示	50
環境試料	50
環境税	96
環境庁告示	50
環境と開発に関するリオ・デ・ジャネイロ宣言	95
環境白書	35
環境報告書	97
環境保全	76
環境ホルモン	97
環境マネジメント	103
環境ラベル	97
還元剤	55
還元性物質	141
乾式サスペンションプレヒーター	264
乾式脱硝方式	189
乾式脱硫処理	263
乾式排煙脱硫法	186
慣性衝突付着	210
乾式天然ガス	178
慣性力集じん	204
慣性力集じん装置	205
完全循環型社会	78
完全燃焼	170
完全リサイクル方式	98
気液平衡状態	224
気温の逆転	156, 250
気管	158
気管支	158
気管支ぜん息	159
機器分析	58
危険物取扱者試験	20
気孔	160
気候変動に関する国際連合枠組条約第3回締約国会議	95
気候変動に関する政府間パネル	103
気候変動枠組条約	95
気候変動枠組条約第3回締約国会議	102
気相酸化吸収法	189
気体温度差に相当する煙突高さ	146
気体回収設備	260
気体成分分析	190
気体定数	48, 144
気体燃料	178
気体の状態方程式	48
基地公害	74
吉草酸	89
規定度	47
気道部	158
キノリン	191
揮発性有機化合物	141
揮発油	179
気泡塔	227
キャピラリーカラム	137
キャリアーガス	137
吸引通風	182
吸引ノズル	216
嗅覚測定法	89
給気ファン	182
吸光光度法	56
吸収強度	56
球相当径	200
吸着	228
吸着剤	137, 228
吸着サイト	229
吸着質	228
吸着分配	136
吸着法	188
キュウリ	160
強制通風	182
京都議定書	95
京都メカニズム	100
胸膜肥厚斑	159
許容濃度	158
希硫酸吸収法	185
キレート	55
キレート滴定法	55
金属塩化物製造工程	233
金属酸洗い工程	233
金属鉄	268
金属フィラメント・サーミスタ	137
空気比	174
空中鬼	152
国等による環境物品等の調達の推進等に関する法律	82
国の責務	76
熊本水俣病	75
クラウス反応	259
クラウス法	259
グラジオラス	160
グラファイト	233
グラム式量	47
クリーンエネルギー	97
グリーンエネルギー	97
グリーン購入	97
グリーン購入法	82
クリスタルガラス溶解炉	162
グリセリン製造	163

索 引

クリンカー		265
クロマトグラフィー		136
クロマトグラム		136
クロルスルホン酸	163,	235
クロロシス		161
クロロベンゼン，クロロベンゼン		43
クロロフルオロカーボン		102
クロロホルム	148,	233

け

ケーシング		209
蛍光灯		267
計算問題を解く方法		24
計数繊維数		217
けい藻土		137
系統樹		28
軽油	179,	258
血中ヘモグロビン		159
結膜炎		149
ケルダール法		191
減圧軽油		258
減圧残油		258
減圧蒸留装置		258
原子		42
原子化		57
原子吸光法		57
原子蒸気		57
原子団		43
原始地球		154
検出器		56
建設リサイクル法		82
元素分析法		191
懸濁液		184
懸濁物質		105
減容		98
原油		258
検量線		52

こ

コークス		180
コークス炉排ガス		268
五塩化りん	163,	234
高温燃焼法		191
公害		74
公害対策の優等生		86
公害防止管理者	16,	90
公害防止管理者の区分	91,	113
公害防止管理者の試験科目		113
公害防止主任管理者	17,	116
公害防止組織		16
公害防止統括者		16
光化学オキシダント	87, 141,	159
光化学スモッグ	75,	141
光化学反応		141
合格科目の有効年限		114
合格基準		112

光学顕微鏡		217
工業分析法		191
工業炉		179
合金		162
光源		56
光合成		154
講習会		21
工場じんかい		181
合成樹脂製造		163
合成繊維		163
合成繊維原料		163
合成洗剤		163
交通公害		74
公定分析法		50
喉頭		158
高発熱量		178
高炉ガス	179,	268
小型ディーゼル		179
呼吸器		158
呼吸部		158
黒液		180
国際協力機構		103
国際連合開発計画		105
国民の責務		76
国連環境計画		105
国連人間環境会議		105
固形燃料		104
個数平均径		201
コゼニー・カルマンの式		212
固体燃料		180
固定れ		136
固定炭素		180
固定発生源		86
コプラナー PCB		45
コプラナーポリクロロビフェニル		
	45,	141
ご褒美方式		32
ゴム		160
ごみ焼却施設		266
ごみ処理施設性能指針		266
ゴムのひび割れ		161
コモチイトゴケ		160
コロナ放電		206
コンベヤーカバー		269
コンポスト		97

さ

サーマル NOx	188,	267
サイクロン		204
サイクロン・スクラバー	208,	226
再使用		98
最小二乗法（自乗法）		52
再生可能エネルギー		97
再生利用		98
最大着地濃度		252
最大頻度径		201
サイト		36

最頻度径		201
最頻粒子径		201
逆り付着		210
錯（体）形成滴定法		55
柵状組織		161
錯体		55
殺そ剤		163
サットンの拡散パラメータ		
	252,	254
サットンの式		252
サトイモ		160
里海		98
砂糖きび		180
里地・里山		98
里浜		98
サヤゴケ		160
さらし粉製造		162
ザルツマン吸光光度法		193
酸		92
三塩化りん		163
酸塩基滴定法		55
酸化アルミニウム	154,	232
酸化カドミウム		230
酸化還元滴定法		55
酸化吸収法		185
酸化剤	55,	141
酸化性物質	87,	141
酸化鉄	154,	268
酸化鉛		230
産業廃棄物		181
参考書		34
三酸化硫黄		234
算術平均径		201
酸水素炎		138
酸水素炎燃焼式ジメチルスルホナゾ		
Ⅲ滴定法		190
酸性		92
酸性雨	93,	152
酸性ガス除去設備		259
酸性雪		152
酸性霧		152
サンプル		50
酸露点		263

し

次亜塩素酸		235
シアノバクテリア		154
シアンイオン		159
シアン化カドミウム		230
シアン化水素	163,	234
ジイソプロパノールアミン		259
四エチル鉛		230
ジェット・スクラバー	209,	227
シェフィールド高温法		191
四塩化炭素	148,	233
紫外線		148

279

索 引

紫外線吸収法	192	樹脂加工剤製造	163	水素	42
紫外線照射	141	ジュネーブ	103	水素イオン濃度指数	92
時間修正係数	252	樹皮	180	水素エネルギーシステム	99
事業者の責務	76	潤滑油	258	水素炎	138
式量濃度	47	循環型社会形成推進基本法 76, 82		水素炎イオン化検出器	138
ジクロロベンゼン	43	順次決定法	126	水素化処理	258
ジクロロメタン	140	ショートパス	263	水洗法	232
資源の有効な利用の促進に関する法律	83	常圧残油	258	スィフト法	232
資源有効利用推進法	83	常圧蒸留装置	258	水理模型	63
施行規則	76	昇華	234	スケール	185
施行令	76	生涯リスク	158	スコット法	259
指数	118	生涯リスクレベル	158	ステアリン酸鉛	230
自然通風	182	焼却残さ	266	ステンレス管	137
持続性放電	206	焼結炉	268	ステンレス鋼板	215
硝酸		硝酸 93, 235		ストーカー	266
ジチゾン法	238	硝酸銀標準液	55	ストーカー炉	266
実煙突高さ	147	硝酸製造	162	ストックホルム	105
実際空気量	174	焼成りん肥製造工程	232	スプレー塔 208, 226
湿式化学分析法	54	消石灰スラリー吸収法	184	スプレードライヤー	186
湿式石灰石こう法	263	消石灰中和法	232	スペクトル	56
湿式脱硝方式	189	状態方程式	143	スモッグ	75
湿式脱硫処理	263	衝突方式	204	スラリー	184
湿式排煙脱硫法	184	常用対数	92	スリーナイン	53
湿式ロータリーキルン方式	264	食塩	42	スロート部 209, 226
湿性天然ガス	178	食塩水電気分解	233		
自動機器分析法	192	食品公害	74	**せ**	
自動車	163	食品循環資源の再生利用等の促進に関する法律	82	生活環境の保全に関する環境基準	88
指標植物	160	食品リサイクル法	82	生石灰	186
四ふっ化エチレン系	211	織布	211	成層圏	148
四ふっ化けい素	162	植物への侵入	160	政府開発援助	104
湿り燃焼ガス量	174	植物ホルモン	161	生物化学的酸素要求量	102
写真	38	所要空気量	174	生物顕微鏡	217
十億分率濃度	47	処理能力	266	生物多様性条約	95
臭気指数	89	シリカゲル吸着法	233	生物の多様性に関する条約	95
臭気判定士	89	試料	50	正方形相当径	200
重質軽油	258	新・公害防止の技術と法規	35	製油所	258
集じん極	206	深呼吸	39	正りん酸	235
臭素	163, 234	真空フラスコ法	193	世界銀行	103
充てんカラム	137	神通川	75	赤外線吸収法	192
充てん材	208	振動	74	赤外分光光度計	56
充てん塔	226	振動規制法	89	赤外線放射量	254
充てん塔スクラバー	208	振動発生施設	90	石炭	180
収入印紙	38	真発熱量	178	石炭ガス	179
周辺の地図	38			石炭ガス類	179
重油	179	**す**		石炭火力発電施設	262
重油・重質油火力発電施設	262	水酸化ナトリウム	93	石炭乾留	163
重量/重量濃度	46	水酸化ナトリウム水溶液吸収法 184, 232		石炭紀	180
重量/容積（体積）濃度	46			積分	27
重量分析法	54	水酸化マグネシウムスラリー吸収法	185	石綿	159
重量モル濃度	47			石綿肺	159
周縁枯死	161	水質汚濁	74	石油精製	163
重力集じん	204	水質汚濁防止法 74, 88		石油製品	258
重力集じん装置	204	水質関係第1種〜第4種公害防止管理者 91, 116		石油発動機	179
重力付着	210			石灰石 93, 263
受験願書	38	水質関係と大気関係の違い	18	石灰石スラリー吸収法	184
受験票	38	水蒸気吹込み法	188	石膏	184
受験前の心構え	38				
受験料	38				

索 引

接頭語	42〜43
絶滅危惧種	101
絶滅のおそれのある野生動植物の種の国際取引に関する条約	94
セミクロケルダール法	191
セメント硬化速度	265
セメント工業	264
セメント製造プロセス	264
ゼロ・エミッション	98
ゼロ・エミッション技術	78
洗浄集じんの原理	208
ぜん息性気管支炎	159
センタイ類	160
選択接触還元法	189, 263
センチストークス	179
千兆分率濃度	47
繊毛	158
繊毛運動	158
専門学校	21
染料	163

そ

ソーシャル・ネットワーキング・システム	36
ソーダ工業	163
騒音	74
騒音・振動関係公害防止管理者	91, 116
騒音規制法	89
騒音発生施設	90
相関係数	53
倉庫のくん蒸	163
装置改善	188
総発熱量	178
送風機	182, 215
送風ライン	214
層流, 層流域	62
総量規制基準	88
測定量	52
側方式	214
外付け型フード	214
ソバ	160
ソフィア議定書	151

た

第1段階	158
ダイオキシン類	44, 140
ダイオキシン類関係公害防止管理者	91, 116
ダイオキシン類似化合物	141
ダイオキシン類発生施設	90
体温計	267
耐火レンガ	233
大気安定度	254
大気汚染	74
大気汚染防止法	88

大気関係環境基準	140
大気関係第1種〜第4種公害防止管理者	91, 116
大気圏	148
大気の安定	250
第5段階	158
大言壮語方式	33
第3段階	158
対数	119
体積平均径	201
タイゼン・ワッシャー	209
代替ハロン	103
代替フロン	103
第2段階	158
第二水俣病	75
代表サイズ	64
代表流速	64
第4段階	158
第6段階	158
ダクト	215
多孔板	227
脱着	228
堅窯方式	264
建屋集じん装置	269
田中正造	157
棚段塔	227
溜水式洗浄集じん装置	209
痰	158
単一粒子径	200
炭化水素凝縮設備	260
炭化水素系物質排出抑制対策	260
炭化水素蒸発抑制対策	260
炭化水素類	141
炭酸カドミウム	230
炭酸カルシウム	263
炭酸ナトリウム水溶液吸収法	184
短軸径	200
炭素税	96
単体	154
蛋白系厨芥物	267
単分子層	228
暖房	179

ち

地衣類	160
チオシアン酸水銀（Ⅱ）法	238
地球環境ファシリティ	103
地球環境保全	76
地球規模の環境問題	76
地球サミット	95
地産地消	98
窒素	87, 137
窒素酸化物	86, 141, 230
窒素肥料	163
窒素分析法	191
チップ	180
地盤沈下	74

地方自治体の責務	76
チャート	136
着臭剤	163
着地濃度の分布	255
中位径	200, 203
注射筒法	193
中枢神経	159
中性	92
厨房	179
中和滴定法	55, 192
長軸径	200
長短平均径	200
直鎖状	42
沈殿滴定法	55, 192

つ

通信教育	21
通風	182
通風管	214
通風機	182
通風力	183
積荷目録	100

て

テールガス	259
テールガス処理設備	259
低 NOx バーナー	188
低窒素燃料の使用	188
定電位電解法	193
低発熱量	178
定方向径	200
定量	54
定量的	54
滴定分析法	54
鉄	154
鉄鋼業	268
鉄鉱石	268
デッドボリューム	136
テトラクロロエチレン	140
テトロン	211
テフロン	211
デポジット	99
デポジット制度	99
デミスター	208
テレフタル酸製造	162
電界荷電域	207
電界強度	207
電気加熱	57
電気集じんの原理	206
典型七公害	74
電子線照射法	189
電子捕獲検出器	138
天井系ガス	232
天然ガス	178
転炉ガス	268

281

索引

と

ドイッチェの式	206
透過光強度	56
陶磁器焼成炉	162
当日の心構え	38
等速吸引	216
動粘度	179
トウモロコシ	160
灯油	179, 258
特殊燃料	180
毒性等価数	143
特定悪臭物質	89
特定家庭用機器再商品化法	83
特定工場	16, 90
特定工場における公害防止組織の整備に関する法律	90
特定物質	234
特定粉じん関係公害防止管理者	91, 116
特定粉じん発生施設	90
特に水鳥の生息地として国際的に重要な湿地に関する条約	94
特別排出基準	88
独立行政法人	103
都市ごみ	181
都市じんかい	181
土壌汚染	74
土壌汚染対策法	88
ドノラ事件	156
トリクロロエチレン	140
トリクロロベンゼン	44
トルエン	191
トレイ	227

な

長さ平均径	201
ナフサ	258
ナフチルエチレンジアミン吸光光度計法	193
生ごみ処理機	98
鉛金属加工	162
鉛系顔料	162
鉛精錬	162
鉛蓄電池製造	162
鉛とその化合物	230
南極上空	149

に

新潟水俣病	75
二塩化3,3'-ジメチルベンジジニウム吸光光度法	239
二酸化硫黄	86, 140, 161, 163, 234
二酸化けい素	231

二酸化セレン	234, 163
二酸化窒素	140, 161, 163, 234
二次汚染物質	141
二段燃焼法	188
ニッケルカルボニル	234, 163
ニッケルの製造	163
日射量	254
ニトロ化合物製造	163
日本規格協会	50
日本工業規格	50
入射光強度	56
尿素	163
二硫化炭素	163, 234
人間環境宣言	105

ね

熱的NOx	188
熱伝導度検出器	137
熱分解処理法	258
粘結性	180
粘結性石炭	180
燃研式B型熱量計	191
燃研式自動熱量計	191
撚糸	210
燃焼NOx	188
燃焼改善	188
燃焼管式空気法	190
燃焼管式酸素法	190
燃焼室	182
燃焼炉	182
粘度	64
燃料NOx	188
燃料改善	188
燃料試験法	190
燃料脱窒	188
燃料電池	99
燃料比	180

の

農業	163
濃淡燃焼法	188
濃度の単位	46
農薬	163
ノルマル	42

は

パーオキシアセチルナイトレート	159
パーク	180
パークアンドライドシステム	99
バーゼル条約	95
パーセント	46
排煙処理システム	263
排煙脱硝法	188
排煙脱硫法	184

ばい煙排出口	146
ばい煙発生施設	88, 90, 146
バイオレメディエーション	99
排ガス循環法	188
肺がん	159
廃乾電池	267
肺気腫	159
廃棄物処理法	83
廃棄物の処理及び清掃に関する法律	83
排出ガス運動量に相当する煙突高さ	146
排出権取引	100
ばいじん対策	260
廃タイヤ	181
ハイドロ・フィルター	208
ハイドロクロロフルオロカーボン	103
ハイドロブロムフルオロカーボン	103
肺胞	158
バガス	180
バグ	210
白煙対策	263
バグフィルター	210
ハザード	100
パスキルの安定度階級	254
パスキルの鉛直拡散幅	255
パスキルの水平拡散幅	255
パソコンリサイクル省令	83
パソコンリサイクル法	83
波長	56
波長分散型蛍光X線法	190
ハッカダイコン	160
バックドカラム	137
発生抑制	98
発電施設	262
発電所	262
発展途上国	75
発熱量測定法	190
パラー	43
払い落とし層	211
払い落とし操作	211
パルプ工場	180
ハロン	103
半乾式排煙脱硫法	186
半値幅	136
反転方式	204
反応当量点	54
ハンダ製造	162

ひ

ピーク	136
鼻腔	158
火格子	266
ビスコース人絹繊維	163
比濁法	192

索　引

日立鉱毒事件　157
人の健康の保護に関する環境基準　88
皮膚がん　149
微分　27
微分方程式　27
非メタン炭化水素　87
百分率　46
百分率濃度　46
百万分率濃度　47
標準状態　47, 48
氷晶石使用工程　162
肥料製造　162
微量電量滴定法　191
微量電量滴定式酸化法　190
ピリジン　163, 234
品質マネジメント　104

ふ

ブース型フード　214
フード　214
フード・マイレージ　100
ファイトレメディエーション　99
ファン　182, 215
ファン・デル・ワールス力　228
風導管　214
フェノール　163, 234
フェノールジスルホン酸吸光光度法　193
フェノール製造　163
フェロシアン化ナトリウム　237
フォーナイン　53
不活性ガス　137
複合汚染　160
副生燃料　268
不純物除去　258
不織布　211
ブタン　42, 178
フダンソウ　160
ブチレン　178
ふっ化カルシウム　232
ふっ化けい素　230, 234
ふっ化酸素　231
ふっ化水素　162, 231, 234
ふっ化水素回収法　232
ふっ化水素ナトリウム　232
物質安全性データシート　104
物質収支　132
プッシュプル方式　215
ふっ素　230
ふっ素化合物　161
物理吸着　228
物理量　52
ブドウ　160
不平等電界　206
フューエルNOx　188
浮遊粒子状物質　87, 105, 140, 159

ブラウン運動　211
プラスチック工業　163
プラズマ　57
プリズム　56
ふるい上曲線　202
ふるい上分布　202
ふるい下曲線　202
フレーム法　57
フレームレス法　57
フローティング・ルーフ型タンク　260
フロイントリッヒの吸着等温式　229
プロセス　132
プロセス毎集じん装置　269
プロット　52
プロパン　178
プロピレン　178
ブロワー　215
フロン　148
フロン等の有機ふっ素化合物製造　162
分光器　56
分光光度計　56
分光分析法　56
分光法　56
分子　42
粉じん採取　216
粉じん移動速度　207
噴霧吸収法　237
噴霧塔　208

へ

平均体積径　201
平均表面積径　201
平衡通風　182
ヘキサシアノ鉄（Ⅱ）酸ナトリウム　237
ヘキサフルオロけい酸　231, 235
ペチュニア　160
別子鉱毒事件　157
ヘリウム　42
ヘリウムガス　137
ヘルシンキ議定書　151
ベンゼン　43, 140, 163, 234
ベンゼン環　44
ベンチュリ・スクラバー　209, 226
ヘンペル式分析法　190
ヘンリー形吸着等温式　228
ヘンリーの法則　224

ほ

ホームページ　29, 36
ボイラー　179
放射線式励起法　190
放射能　254
放電極　206

法の目的　77
法律の第一条と第二条　28
法律の勉強の仕方　28
法令データ提供システム　29
ホウレンソウ　160
ポザリカ事件　156
保持時間　136
ホスゲン　163, 234
蛍石　232
ポリウレタン製造　163
ポリエステル系　211
ポリ塩化ビフェニル　104
ポリクロロジベンゾ－パラ－ジオキシン　45, 141
ポリクロロジベンゾフラン　45, 141
ポルトランドセメント　264
ホルマリン製造　163
ホルムアルデヒド　163, 235
ホルモン　97
ボンベ式質量法　190

ま

埋木　180
膜式回収設備　260
マクロケルダール法　191
マッチ　163
マニフェスト　100
マニフェストシステム　100
マネジメント　100
慢性気管支炎　159

み

ミスト　208
水のイオン積　92
密度　64
ミティゲーション　100
未定係数法　126
緑のペスト　152
水俣病　75
未燃カーボン　263
未燃炭素　263, 267
ミューズ渓谷事件　156

む

無煙炭　180
無過失賠償責任　80
無機塩化物製造　162
無次元数　62
無触媒還元法　189
難しい問題の解き方　24

め

メター　43
メタノール　163, 234

索　引

メタノール製造	163	溶質	46	流動層スクラバー	208, 226
メタン	178	容積（体積）/容積（体積）濃度		理論燃焼空気量	170
メッキ	163		46	理論燃焼酸素量	170
メチル水銀	75	溶存酸素量	102	りん	87
メチルメルカプタン	89	葉肉部	161	りん化合物製造	163
メディアン径	200, 203	溶媒	46	りん化水素	163, 234
メラミン	163	葉脈間不定形斑点	161	りん鉱石	232
メルカプタン	163	溶融スラグ	266	りん酸系肥料製造	162
面積等分径	200	溶融石英	137	りん酸濃縮工程	232
面積平均径	201	容量分析法	54	りん酸肥料	163
		四日市ぜん息	75, 157		
も		四大公害病	75	**れ**	
モード径	201, 203			冷凍機	150
モノクロルベンゼン	43	**ら**		レイノルズ数	62
モノレイヤー	228	ライフ・サイクル・アセスメント		瀝青炭	180
モル	122		100	レシーバー方式	215
モル質量	47, 143	ライフスタイル	96	レッドデータブック	101
モル濃度	46	落蕾	160	連続分析法	192
問題意識	29	ラジカル	138, 148		
問題集	34	ラッカセイ	160	**ろ**	
モントリオール議定書		ラムサール条約	94	ロータリーキルン	266
	94, 149, 151	ラングミュアの吸着等温式	228	ロータリーキルン方式	264
		らん藻	154	労働災害	74
や		ランタン－アリザリンコンプレキソン法		ろ過集じんの原理	210
薬品公害	74		238	ロサンゼルス・スモッグ	75, 156
薬品製造	162	ランナー	209	ロジン・ラムラー分布	203
		ランプ式容量法	190	ろ布	210
ゆ		ランベルト・ベール（ランバート・ベーア）の法則		ロンドン事件	156
有煙炭	180		57	ロンドン・スモッグ	75
有害廃棄物の国境を越える移動及びその処分の規制に関する条約 95		乱流	62		
有害物質	230	**り**		**わ**	
有機化合物	42	リービッヒ法	191	ワシントン条約	94
有機合成触媒	163	リオ・デ・ジャネイロ	95	渡良瀬川	75, 157
有機水銀	75	リオ宣言	95		
有機物	87	力学的集じん技術	204		
有機ふっ素化合物製造	162	リサージ	230		
有機薬品製造	163	リサイクル	82		
有機りん化合物	163	リスク	101		
有効煙突高さ	146, 252	リスクマネジメント	101		
誘導結合プラズマ法	57	理想気体	47		
郵便切手	38	理想気体の状態方程式	48		
釉薬	233	律速	226		
夢のごみ処理施設	266	硫安	163, 263		
ユンカース式流水型熱量計	190	硫化カドミウム	230		
		硫化水素	89, 163, 234		
よ		粒径の定義	200		
溶液	46	粒径分布	202		
溶液導電率法	192	硫酸	93, 163, 184, 235		
容器包装リサイクル法	83	硫酸アンモニウム	263		
容器包装に係る分別収集及び再商品化の促進等に関する法律 83		硫酸カドミウム	230		
窯業	162	硫酸製造	163		
用語の定義	77	硫酸ナトリウム水溶液	232		
		粒子径分布	202		
		粒子状物質	141		
		流動床炉	266		

MEMO

MEMO

MEMO

MEMO

MEMO

著者略歴

福井 清輔（ふくい　せいすけ）

＜略歴および資格＞
福井県出身
東京大学工学部卒業，同大学院修了
工学博士

＜著作＞
・「よくわかる第3種冷凍機械責任者試験」（弘文社，共著）
・「4週間でマスター第3種冷凍機械責任者試験」（弘文社，共著）
・「わかりやすい1級ボイラー技士試験」（弘文社）
・「わかりやすい2級ボイラー技士試験」（弘文社）
・「これだけ！1級ボイラー技士試験合格大作戦」（弘文社）
・「これだけ！2級ボイラー技士試験合格大作戦」（弘文社）
・「これだけ！甲種危険物試験合格大作戦」（弘文社，共著）
・「これだけ！乙種4類危険物試験合格大作戦」（弘文社，共著）
・「本試験形式公害防止管理者重要問題集（水質関係）」（弘文社，共著）
・「本試験形式公害防止管理者重要問題集（大気関係）」（弘文社，共著）
・「これだけ！公害防止管理者試験合格大作戦（水質関係）」（弘文社，共著）
・「これだけ！公害防止管理者試験合格大作戦（大気関係）」（弘文社，共著）
・「はじめて学ぶ環境計量士試験（濃度関係）」（弘文社）
・「はじめて学ぶ環境計量士試験（騒音・振動関係）」（弘文社）
・「わかりやすい第2種冷凍機械責任者試験」（弘文社）
・「わかりやすい第3種冷凍機械責任者試験」（弘文社）
・「わかりやすい環境計量士試験（騒音・振動科目）」（弘文社）
・「わかりやすい環境計量士試験（共通科目）」（弘文社）
・「基礎からの環境計量士合格テキスト（濃度関係）」（弘文社）
・「基礎からの環境計量士合格テキスト（騒音・振動関係）」（弘文社）
・「基礎からの環境計量士合格問題集（濃度関係）」（弘文社）
・「基礎からの環境計量士合格問題集（騒音・振動関係）」（弘文社）

| はじめて学ぶ！ | 公害防止管理者試験（大気関係） |

編　著	福井　清輔
印刷・製本	株式会社　太洋社

発行所	株式会社　弘文社	〒546-0012 大阪市東住吉区中野2丁目1番27号 ☎(06)6797-7441 FAX(06)6702-4732 振替口座番号/00940-2-43630 東住吉郵便局私書箱1号
代表者	岡崎　達	

落丁・乱丁本はお取り替えいたします。

国家・資格試験シリーズ

衛生管理者試験

第1種衛生管理者必携　〈A5判〉

第2種衛生管理者必携　〈A5判〉

よくわかる第1種衛生管理者試験　〈A5判〉

よくわかる第2種衛生管理者試験　〈A5判〉

これだけマスター
第1種衛生管理者試験　〈A5判〉

これだけマスター
第2種衛生管理者試験　〈A5判〉

わかりやすい第1種衛生管理者試験　〈A5判〉

わかりやすい第2種衛生管理者試験　〈A5判〉

土木施工管理試験

これだけマスター
2級土木施工管理　〈A5判〉

これだけマスター
1級土木施工管理　〈A5判〉

4週間でマスター
2級土木(学科・実地)　〈A5判〉

4週間でマスター
1級土木(学科編)　〈A5判〉

4週間でマスター
1級土木(実地編)　〈A5判〉

最速合格！
1級土木50回テスト(学科)　〈A5判〉

最速合格！
1級土木25回テスト(実地)　〈A5判〉

最速合格！
2級土木50回テスト(学科・実地)　〈A5判〉

自動車整備士試験

よくわかる
3級整備士試験(ガソリン)　〈A5判〉

よくわかる
3級整備士試験(ジーゼル)　〈A5判〉

よくわかる
3級整備士試験(シャシ)　〈A5判〉

よくわかる
2級整備士試験(ガソリン)　〈A5判〉

3級自動車ズバリ一発合格　〈A5判〉

2級自動車ズバリ一発合格　〈A5判〉

電気工事士試験

プロが教える
第1種電気工事士 筆記　〈A5判〉

合格への近道
第1種電気工事士 筆記　〈A5判〉

合格への近道
第2種電気工事士 筆記　〈A5判〉

よくわかる
第2種電気工事士 筆記　〈A5判〉

よくわかる
第2種電気工事士 技能　〈A5判〉

よくわかる
第1種電気工事士 筆記　〈A5判〉

よくわかる
第1種電気工事士 技能　〈A5判〉

これだけマスター
第1種電気工事士 筆記　〈A5判〉

これだけマスター
第2種電気工事士 筆記　〈A5判〉

国家・資格試験シリーズ

消防設備士試験

わかりやすい！第4類消防設備士試験	〈A5判〉
わかりやすい！第6類消防設備士試験	〈A5判〉
わかりやすい！第7類消防設備士試験	〈A5判〉
本試験によく出る！第4類消防設備士問題集	〈A5判〉
本試験によく出る！第6類消防設備士問題集	〈A5判〉
本試験によく出る！第7類消防設備士問題集	〈A5判〉
これだけはマスター！第4類消防設備士試験 筆記+鑑別編	〈A5判〉

管工事施工管理試験

2級管工事施工管理受験必携	〈A5判〉
1級管工事施工管理受験必携	〈A5判〉
よくわかる！2級管工事施工	〈A5判〉
1級管工事施工実地対策	〈A5判〉
2級管工事施工実地対策	〈A5判〉

毒物劇物取扱責任者試験

毒物劇物取扱責任者試験	〈A5判〉
これだけはマスター！基礎固め 毒物劇物取扱者試験	〈A5判〉

ビル管理試験

建築物環境衛生(ビル管理)必携	〈A5判〉
よくわかるビル管理技術者試験	〈A5判〉
チャレンジ！建築物環境衛生	〈A5判〉

電験第三種試験

プロが教える！電験3種受験対策	〈A5判〉
プロが教える！電験3種テキスト	〈A5判〉
プロが教える！電験3種重要問題集	〈A5判〉
チャレンジ！ザ・電験3種	〈A5判〉
基礎からの電験三種受験入門	〈A5判〉
これだけはマスター 電験三種	〈A5判〉
合格への近道 電験三種（理論）	〈A5判〉
合格への近道 電験三種（電力）	〈A5判〉
合格への近道 電験三種（機械）	〈A5判〉
合格への近道 電験三種（法規）	〈A5判〉
ストレートに頭に入る！電験三種	〈A5判〉

ボイラー技士試験

よくわかる2級ボイラー技士	〈A5判〉
よくわかる1級ボイラー技士	〈A5判〉
わかりやすい2級ボイラー技士	〈A5判〉
わかりやすい1級ボイラー技士	〈A5判〉
これだけ！2級ボイラ―合格大作戦	〈A5判〉
これだけ！1級ボイラ―合格大作戦	〈A5判〉

国家・資格試験シリーズ

公害防止管理者試験

本試験形式！公害防止管理者
　大気関係　　　　　　　〈A5判〉

本試験形式！公害防止管理者
　水質関係　　　　　　　〈A5判〉

これだけ大作戦！公害防止管理者
　大気・粉じん関係　　　〈A5判〉

これだけ大作戦！公害防止管理者
　水質関係　　　　　　　〈A5判〉

よくわかる！公害防止管理者
　ダイオキシン類関係　　〈A5判〉

よくわかる！公害防止管理者
　水質関係　　　　　　　〈A5判〉

わかりやすい！公害防止管理者
　大気関係　　　　　　　〈A5判〉

わかりやすい！公害防止管理者
　水質関係　　　　　　　〈A5判〉

環境計量士試験

よくわかる環境計量士(濃度)　〈A5判〉

よくわかる環境計量士(騒音・振動)　〈A5判〉

わかりやすい環境計量士(法規・管理)　〈A5判〉

測量士補試験

これだけマスター
　ザ・測量士補　　　　　〈A5判〉

測量士補受験の基礎　　　〈A5判〉

よくわかる！
　測量士補重要問題　　　〈B5判〉

危険物取扱者試験

これだけ！丙種危険物試験
　合格大作戦！！　　　　〈A5判〉

これだけ！乙種第4類危険物
　合格大作戦！！　　　　〈A5判〉

これだけ！乙種総合危険物試験
　合格大作戦！！　　　　〈A5判〉

これだけ！甲種危険物試験
　合格大作戦！！　　　　〈A5判〉

実況ゼミナール！
　乙種4類危険物取扱者試験　〈A5判〉

実況ゼミナール！
　甲種危険物取扱者試験　〈A5判〉

実況ゼミナール！
　科目免除者のための乙種危険物　〈A5判〉

実況ゼミナール！
　丙種危険物取扱者試験　〈A5判〉

暗記で合格！丙種危険物　〈A5判〉

暗記で合格！乙種4類危険物　〈A5判〉

暗記で合格！甲種危険物　〈A5判〉

暗記で合格！乙種総合危険物　〈A5判〉

わかりやすい！乙種4類危険物　〈A5判〉

わかりやすい！丙種危険物取扱者　〈A5判〉

最速合格！乙4危険物でるぞ〜問題集　〈A5判〉

直前対策！乙4危険物20回テスト　〈A5判〉

本試験形式！乙4危険物模擬テスト　〈A5判〉

本試験形式！甲種危険物模擬テスト　〈A5判〉

本試験形式！乙種1・2・3・5・6類模擬テスト　〈A5判〉